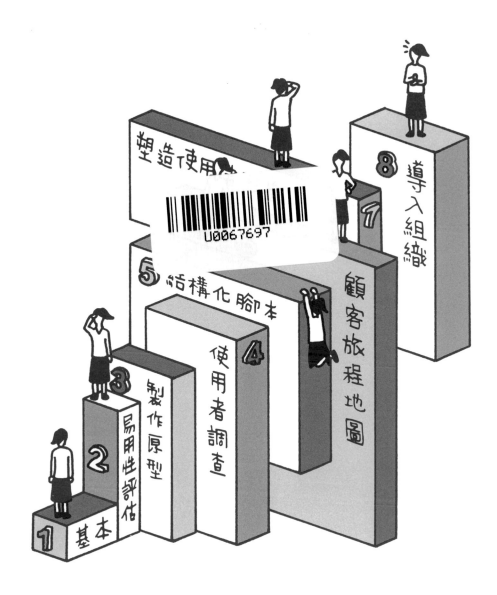

Web 設計職人必修

UX Design 初學者

學習手冊

玉飼 真一　村上 竜介　佐藤 哲　太田 文明　常盤 晋作　IMJ Corporation　合著

吳嘉芳　譯

序

「顧客體驗才重要。」、「希望改善 UX」……這些說法充斥在數位化及服務的最前線，早已是陳腔濫調。然而，另一方面，卻沒有將真正從顧客或使用者身上學到的流程加進去，這種現況至今依舊繼續存在，也是不爭的事實。當然，的確會遇到工作忙碌、預算多寡等各式各樣的難題，但是若真正具有價值，就算遇到一些困難，都應該努力解決，融入到工作中才對。

所謂的 UX 設計力，並非只是一般的技術理論。從許多已經獲得具體成果，而且體會到 UX 設計力的人極為肯定其價值來看，我們作者群對 UX 設計力也毋庸置疑。不過，積極加入 UX 設計以及不加入 UX 設計的界線，的確變得比較清楚。為什麼呢……。這是我的直覺，很難用言語說明清楚。

不過，我想到最近新的見解，亦即「UX 設計的價值，尚無法用言語表達」。

事實上，我經常聽到，已經徹底瞭解 UX 設計價值的人表示「無法將 UX 的價值傳遞給主管與其他部門的人」，而感到十分焦慮。

UX 設計「不僅直接解決眼前的問題，也帶來大量創意素材以及可能對未來有幫助的見識。」卻無法將從中產生的重要可能性（解決其他問題或將來的利益），「直接且完全轉換成實質的價值，並表現出來。」我想這就是焦慮的來源吧！還有，就算無法充分用言語說明，卻能憑直覺或感覺徹底瞭解的落差等。

我也注意到，前面提到的積極加入 UX 設計與沒有這麼做的界線，似乎是來自認同「即使無法完全用語言形容，也可以憑直覺、感覺徹底瞭解價值」的組織，或怯步不前的組織。

因此，拜託拿起這本書的你。

請務必親自體驗 UX 設計的力量。看了這本書學會的事情，與身體力行的結果截然不同。請自行創造聽見使用者真實心聲、接觸使用者的機會。期待藉由這本書，讓更多人體會到 UX 的價值，並且提供更優質的服務，更完善的創意環境。

2016 年 10 月 作者群代表 玉飼 真一

CONTENTS 目次

1章 何謂UX設計？

2章 從易用性評估開始著手

3章 利用製作原型修正設計

4章 用腳本連結人物誌與畫面

5章 使用者調查

6章 運用顧客旅程地圖將體驗視覺化

7章 使用者塑模

8章 將UX設計導入你的組織

本書的使用方法

本書設定的讀者（人物誌 persona）

我們作者群在撰寫這本書時，為了掌握具體的讀者輪廓，透過各個訪談，設定了讓讀者產生共鳴的人物誌（本書第 7 章將介紹關於這種共鳴人物誌的設定）。

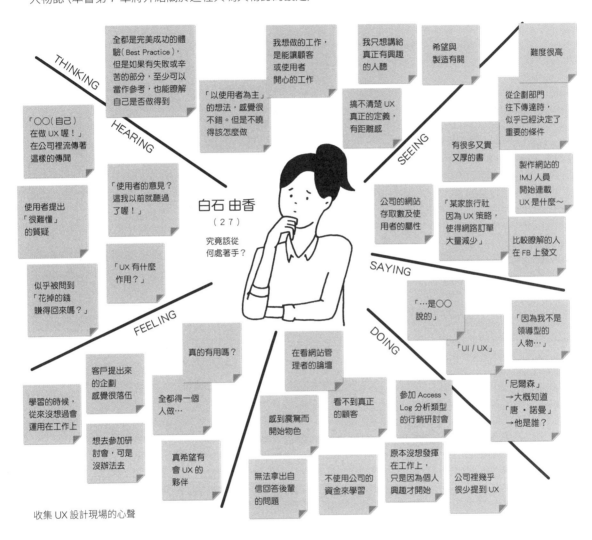

收集 UX 設計現場的心聲

◇ 「白石由香」是這樣的人

根據引起共鳴的人物誌設定，將讀者的基本屬性整理如下，並且取名為「白石由香」。

白石 由香（27歲／女性）
- 擔任網頁設計師，所屬的公司承接網頁製作案，員工人數從數位到十多位
- 最近對 UX 設計感興趣，因此開始著手收集資料
- 負責製作畫面、設計、撰寫 HTML 語言、顧客應對等多種領域的業務工作

承上頁的人物誌，在本書中寫到「你」的時候，假設的對象就是網頁設計師白石由香。但是，我們假設的對象若換成產品設計、網站製作者，其實也是可以理解的，特別對以下讀者也很有幫助：

▶ 開始學習 UX 設計，但是覺得很難運用在工作上的人
▶ 不限於在網頁製作公司工作，只要是與企劃數位產品或服務相關的人
▶ 即將開始嘗試 UX 設計的人

本書的寫法

從本書第 2 章開始，整理了各種 UX 設計方法及實際運用在職場上的技巧。

◇ UX 設計的 3 個執行階段，以及找機會運用於工作中的技巧

白石由香（人物誌）從未在工作上執行過 UX 設計。本書的寫作角度，是以她正在學習 UX 設計，並逐步運用於工作中，並設定了 3 個執行階段。從第 2 章之後的每一章，將按照各個階段，介紹如何製造機會將 UX 設計運用於工作中的具體技巧，請參考。

偷偷練習的階段	試著將 UX 設計運用在部分工作上的階段	邀請客戶加入的階段
主管尚未要求在工作中運用 UX 設計時，私下偷偷練習的階段	雖然有在部分工作中用到 UX 設計，但是僅限於不影響現有作法的範圍內，避免新加入的 UX 設計發生問題（或問題非常有限）的階段	將 UX 設計的執行內容傳給整個專案團隊，邀請客戶參與專題討論，必須交出成果，是 UX 設計要負起責任的階段（不論付費／免費）

◇ 2 個具體的案例

本書中介紹了作者群實際在工作上依照各個 UX 設計方法所執行的專案模型，通常會有「輕量級」、重量級」等 2 種規模不同的具體案例。當你不曉得什麼可以輕鬆完成、應該花費多少精力時，可當作參考。

◇ 下載範本

你可以從以下網址下載本書中使用的範本。

`URL` http://www.flag.com.tw/DL.asp?FT810

1章

> 商品或服務
> 因提供良好體驗
> 而提升價值

何謂 UX 設計?

我們這群作者對 UX 設計的力量深信不疑。挖掘近在眼前卻沒人看得到的使用者真實樣貌,不光依賴一人的天才能力,而是結合各種人才的智慧,創造出新價值。這就是時下流行的創意手法。

Written by 玉飼 真一(IMJ Corporation)

1-1　UX 設計的理想與現實間的落差

　　儘管市面上增加了不少與 UX 設計有關的書籍，但是在許多場合，仍然會感受到「UX 設計果然還沒普及到全世界啊！」雖然有試著學習 UX 設計，還是無法改變一直以來的作法，「如果要在工作上執行 UX 設計，我還不行吧……」。多年來像白石由香這種職場心聲，至今仍不絕於耳。

　　可惜的是，一般人對 UX 的認識只停留在「UX（設計）是製作感覺良好、容易使用的畫面或流程。」並且認為難用的 UI 是「這個畫面的 UX 不良」。

　　當然，這並非 UX 原本的意義，我想也和大家在書本或研討會中看到的 UX 截然不同。我希望可以弭平這種落差，在職場上發揮 UX 設計，而這就是本書的主題。我們期望將實務中體驗到的、執行 UX 設計的知識傳授給各位。

　　首先，在進入正式的話題之前，讓我們先說明「理想的 UX 設計」是什麼。

1-2　何謂 UX、UX 設計？

　　「UX」、「使用者體驗」、「顧客體驗」等名詞，在工作場合中經常隨意使用而沒有明確的定義。「UX 設計」或「UX」的定義原本就十分模糊，再加上「設計」這個字的意義也很廣泛，更容易讓人一頭霧水。這就是造成誤解的元兇，因此下面先做個簡單整理。

◇ UX 不是「事物」而是「狀態」

　　「UX」是「User eXperience」的縮寫，翻譯為「使用者體驗」。有種說法是，「UX」並非一般所指的產品或服務等「事物」，而是包含事物在內，所謂的環境「狀態」的設計。

　　為了說明「UX」這個概念，經常會用咖啡店當作例子。我們以為咖啡店賣的商品（事物）是咖啡，實際上，咖啡的定價中包含了咖啡店內店員的應對、座椅的舒適性、內部裝潢、場所、顧客種類、時間……等全部（狀態）的價值。使用者絕對不是光憑咖啡本身就掏錢。

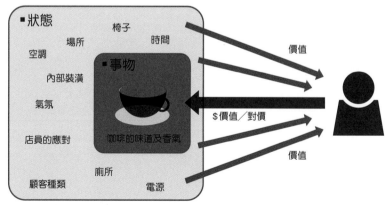

光憑事物的價值無法決定整體價值。這種趨勢今後將更顯著

進入二十一世紀後，由於物資泛濫，已經無法單憑事物本身來決定價值，人們開始將注意力放在包含事物的整體狀態價值上。在此時代背景下，iPhone 上市並獲得成功，使大家不僅注意到硬體本身的魅力，也發現包含音樂及 App 等附加服務的完整體驗價值，我想這點的確發揮了推波助瀾的作用。不過直到近年商界開始重視顧客體驗，提倡未來是 UX 的天下，最近還提出 CX（Customer experience）等概念，才讓 UX 變成廣為流傳的名詞。然而，只說明 UX 是「包含事物在的狀態」，這樣的定義依舊十分模糊。究竟 UX 中含有哪些部分？

◇ UX 白皮書中定義的 UX

「UX」這個名詞開始在商業文章中出現，應該是在 2000 年後半。我們的印象是，UX 從一開始就被隨便（任意）使用，可是如果任由定義一直模糊下去，實在很糟糕。為了建立對 UX 的共識，德國舉辦了專題研討會，而日本方面就整理了該研討會的討論成果，完成知名的「UX 白皮書」（2010）。其他還有許多 UX 的定義及模型，但是這裡先以 UX 白皮書為例，比較淺顯易懂。UX 白皮書加入了清楚的時間軸概念，包括使用商品或服務的時期，也將使用者體驗擴及到使用前後的時間。

UX 白皮書中所記載的 UX 使用時間（期間）

日文原版：http://site.hcdvalue.org/docs（附範例）

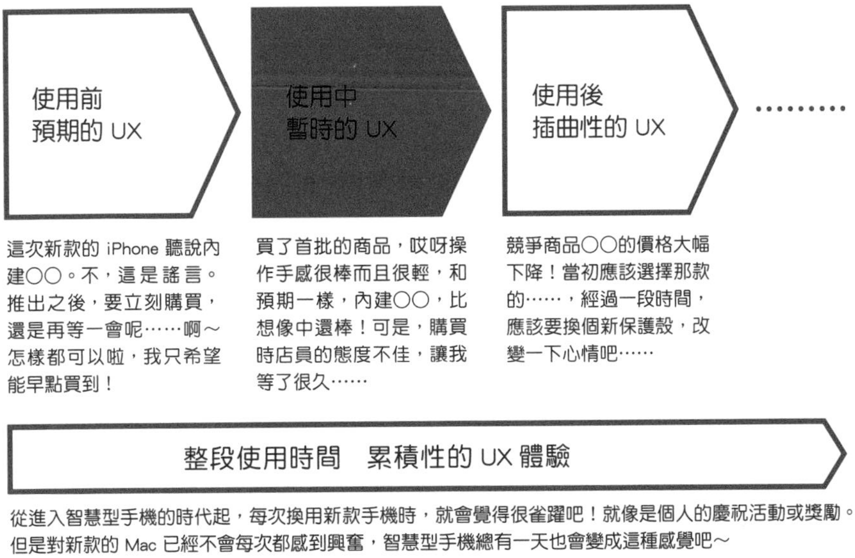

使用前 預期的 UX	使用中 暫時的 UX	使用後 插曲性的 UX	·········
這次新款的 iPhone 聽說內建○○之後。不，這是謠言。推出之後，要立刻購買，還是再等一會呢……啊～怎樣都可以啦，我只希望能早點買到！	買了首批的商品，哎呀操作手感很棒而且很輕，和預期一樣，內建○○，比想像中還棒！可是，購買時店員的態度不佳，讓我等了很久……	競爭商品○○的價格大幅下降！當初應該選擇那款的……，經過一段時間，應該要換個新保護殼，改變一下心情吧……	

整段使用時間　累積性的 UX 體驗

從進入智慧型手機的時代起，每次換用新款手機時，就會覺得很雀躍吧！就像是個人的慶祝活動或獎勵。
但是對新款的 Mac 已經不會每次都感到興奮，智慧型手機總有一天也會變成這種感覺吧～

並非只有使用產品的當下會產生 UX

UX 白皮書中指出一個重點，沒有直接接觸產品或服務的前後時間，或反覆累積的記憶，都可算是 UX。說得更具體一點，商品或服務不過只是 UX 的一部份。換句話說，光憑商品或服務端的意志，很難強制性地控制整個 UX。因為，就結果而言，商品或服務都必須依賴 UX。（以上圖為例，在新機發表前，在媒體上要注意哪些部分？上市後，競爭對手的價格如何變化，在比價網站上的意見如何？

對其他產品系列的印象記憶……等，從商品或服務的立場，很難完全影響及控制所有部分。）

　　下面以網站為例，進一步說明。

對使用者而言，造訪網站的前、中、後，都算是「同一個體驗」

| 在家裡看到商品的電視廣告，首次知道這個商品 | 在網路上搜尋後，前往實體店面，再比較其他商品 | 上班途中，（在滑手機時）看見特定商品的網站 | 在家透過（電腦版的）網站購買特定商品 | 等商品送到家裡，開始試用 | 使用後，在社群媒體上發表使用商品的感想 |

造訪網站前的體驗　　　　造訪網站時的體驗　　　　造訪網站後的體驗

　　為了掌握全程的 UX，連使用前、使用後都必須考量到。例如只檢視存取分析或與網站相關的行銷資料是不夠的，我想你應該明白這點了。站在使用者的角度，網站只不過是體驗的一部分。

◇ UI 與 UX 的差異

　　「UI」是「User Interface」的縮寫，在網站或 App 中，主要是指操作畫面的部分。UI 是網站或 App（事物）與使用者接觸的連接點，但是 UI 充其量只是使用事物時接觸到的一部分，而非整個體驗。

　　假如以購物網站為例來思考，除了 UI 之外，商品種類、購物網站本身的行銷活動、配送、客服、沒有瀏覽網站時的發送電子報、社群媒體上的評論……甚至還包含使用競爭對手的網站或比價網站，所有使用者的感受，都是 UX。

　　因此，UX 是主體，而 UI 只是其中一部分，是 UX 的附屬品。

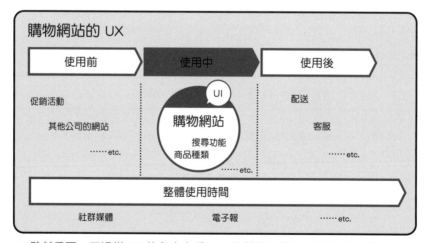

UI 雖然重要，不過從 UX 的角度來看，UI 充其量只是 UX 的其中一部分

◇ UI、UX、易用性 (Usability)

　　前面介紹的 UX 定義偏向理論層面，你或許會察覺，實際在工作上用到 UX 這個名詞時，還是有些差距對吧？其實，UX 原本的定義究竟有多少人知道，仍不明確，因此學過 UX 的人才會與周圍意見相左，這是其中一個原因。

　　以下試著加入 UX 元素之一的易用性（= Usability 容易使用的程度）來說明，我想會比較容易瞭解一般所謂的 UI 或 UX 在定義上的差異。例如，「這個畫面的 UX 不佳」或「希望改良 UX」的說法，通常都是指「易用性不佳」或「希望改良易用性」。

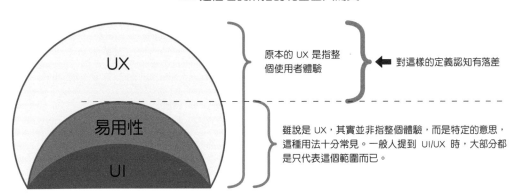

UX 這個名詞所指的範圍因人而異

原本的 UX 是指整個使用者體驗 ◀ 對這樣的定義認知有落差

雖說是 UX，其實並非指整個體驗，而是特定的意思，這種用法十分常見。一般人提到 UI/UX 時，大部分都是只代表這個範圍而已。

◇ 何謂 UX 設計？

　　既然 UX 有多種定義，我們可以想像，「UX 設計」的定義也有多種說法，但是這裡省略詳細說明，建議大家先把 UX 設計當作是在「設計 (Design)」UX 即可。「設計」這個詞和外觀設計一樣，很容易混淆，但是「UX 設計」中的「設計」，充其量只有「設計」的意思而已。

MEMO

執行 UX 設計的流程，稱為「Human Centered Design（以下簡稱為 HCD）」，已被制定為國際規格 *，中文翻譯為「人性化設計」。在「UX」或「UX 設計」等名詞出現之前，「HCD」就已經被運用於工業產品、電腦系統、軟體等層面，當作獲得高易用性或滿意度的方法。本書不對 HCD 多做說明，可自行參考人性化設計機構 (HCD-Net) 的網站。

*ISO 9241-210:2010 Ergonomics of human-system interaction -- Part 210: Human-centred design for interactive systems
特定非營利活動法人 人性化設計推動機構

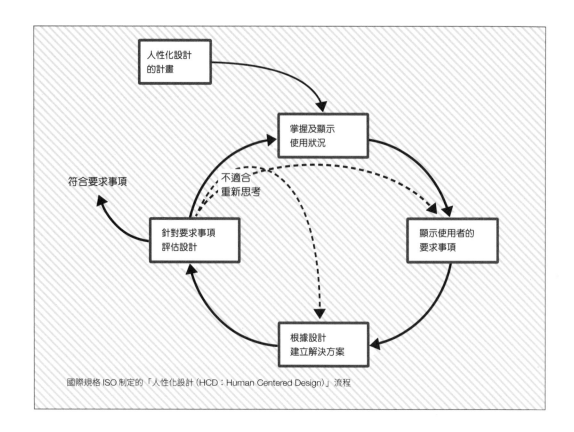

國際規格 ISO 制定的「人性化設計 (HCD：Human Centered Design)」流程

◇ 是 UI 決定 UX ？還是正好相反？

　　UI 原本只是構成 UX 的一部分，但是在數位化的世界裡，UI 在 UX 中所佔的比例很大，可能會讓人誤以為 UI 才是主角、由 UI 來決定 UX(UI → UX)。的確，用數位化來完成的服務，很容易會讓人這麼想。但是請等一下，這頂多是二十世紀時的舊想法，就像是說事物可以支配狀態。請回想前面 UX 白皮書中的定義，單憑操作畫面，就可以支配使用者的體驗 (包含其他公司提供的服務、操作時發生的各種個人狀況等構成的完整體驗) 嗎？答案當然是否定的。

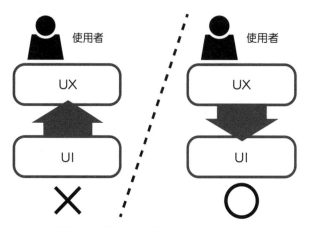

先決定 UI 再思考 UX 的想法，與實際狀況正好相反

光用 UI (操作介面)就控制 UX (整個使用者體驗)是不可能的。因此，我們必須徹底學會在 UX 設計中，主宰 UX 核心的使用者心理或需求。因為從使用者的觀點來看，我們（提供者）的狀況其實與他無關。

UX 設計的核心始終是使用者，要保持向使用者學習的態度，這點非常重要。當然，執行工作時，難免會因為商業考量而有所折衷，但是請別一開始就從商業觀點來思考。現在已經是無法隨便將商業思維強加在使用者身上的二十一世紀了。我們不僅要改良易用性，還要向使用者學習，從提升使用者體驗的角度來著手設計，這門生意才能成功，這就是 UX 設計。

你可能會懷疑，在真正的職場上，這會不會是不切實際的理想？……的確，不論問誰，都認為這種說法聽起來似乎很正確、適當，可是在工作上，為何總是無法順利執行呢？以下我們就來探討。

MEMO

「UX 設計」是建立「狀態」，連結「事物」

下面的「烏龜計程車 (TURTLE TAXI)」是一個很好的範例，經常被拿出來討論，用來說明以綜合服務來設計「狀態」而非產品或畫面等「事物」。我想藉由這個例子，應該比較容易瞭解 UX 設計的概念。

透過「事物」改變「狀態」。很少見的案例，能針對想要的狀態，製作出能改變狀態的事物

這是針對「狀態」來設計的 UX 設計案例。IMJ 負責企劃、提案，與三和交通（股）公司共同開發，推出業界首創「慢速」的「烏龜計程車」(http://turtle-taxi.tumblr.com/)。「我現在不趕時間，希望司機可以慢速小心駕駛，卻不好意思開口跟司機說。」因此這就是為了解決乘客的煩惱，而推出的方案。只要按下按鈕，計程車的擋風玻璃就會出現顯示「慢速行駛」的牌子，到達目的地後，司機會將記錄「慢速駕駛」距離的感謝卡交給乘客。

1-3 在工作上執行 UX 設計時的現況

在 UX 設計應該發揮力量的工作現場，長久以來卻仍有許多 UX 設計展現出理想與現實之間巨大的落差，這究竟是為什麼呢？

這裡要再次重申，本書的主題，就是要跨越這種理想與現實的落差，繼續往前邁進。大部分的書籍或研討會上，談的都是創新、理想的案例，但是卻忽略了工作中理想與現實間的落差，如果只是一味強調 UX 設計的手法並大聲疾呼，只會被當作 UX 狂，無法增加運用在工作上的機會或獲得好評。

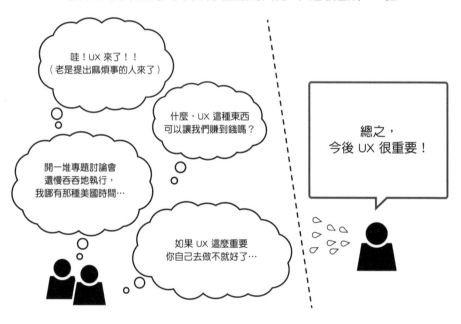

若沒有與專案相關人員取得價值觀的共識，只會被當成 UX 狂

為什麼工作時會捨棄 UX 設計應有的態度？以下從兩大觀點來整理歸納，在工作上執行 UX 設計時容易碰到的狀況。

◇① 在參與專案時已決定好框架而難以執行新的對策

因為已經決定好時程、人力分配、預算，因此沒有餘力挑戰新的對策（UX 設計）。

→ 換言之，在參與專案時，能做的事就有限，是「事到如今已經做不了」的時機問題

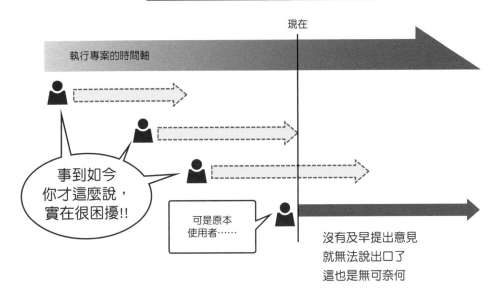

◇ ② 逾越你的職責任務或是逾越對方的職權

當存取分析或 A/B 測試已經執行完畢，相關人員在長期經驗中已充分理解，而且自認有徹底調查過使用者。畢竟每個人在執行工作時，總會以堅持自己的立場為優先，不容許外行人指手畫腳。

→「堅持個人立場不容越權」的問題

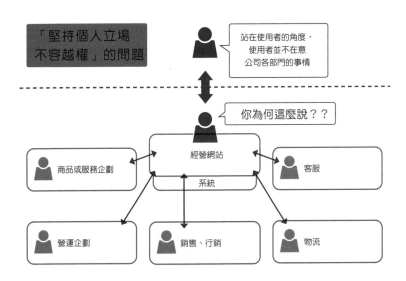

若逾越各自的工作職責範圍，在溝通上就會遭到麻煩

如果是因為這樣而無法執行 UX 設計，原因就不在於你本身是否有能力。換句話說，最重要的是，要讓相關人員肯定「UX 設計的價值」與付諸實行的「個人實力」。否則，你將無法去做重要的事情。

「事到如今已經做不了」的時機問題
可及早提出建議

「堅持個人立場不容越權」的問題
能在廣泛的工作領域中，表達意見的立場

UX 設計的價值

專案相關人員

完成 UX 設計的
個人實力

兩項都可以獲得肯定嗎？

就算私底下你個人能力再好還是不足，都不能讓人認為你是 UX 狂

1-4 這種情況下該如何執行 UX 設計？

接下來要介紹該怎麼做的基本策略（作戰指南），大致可以分成兩個方向。

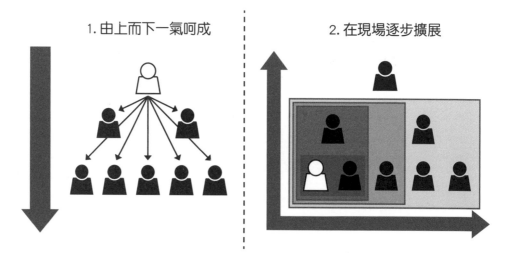

1. 由上而下一氣呵成

2. 在現場逐步擴展

兩種都有實際的案例……

◇① 由上而下一氣呵成

由高階主管成為 UX 設計的推動者，並且召集廣大的相關人員來執行，這是其中一種類型。但是，如果希望你推動時，能有高階主管成為協助者（助手），你必須先獲得高階主管的青睞、具備良好的溝通能力、還有面對摩擦也不當一回事的堅強，才有可能執行。歐美國家的著名案例，大部分是由上而下來推動專案，真誠且純粹地追求顧客價值，超越部門之間的壁壘，獲得顯著成果。但是老實說，日本有許多企業或專案，仍會受到組織文化的限制，而無法順利執行。

如果想要快速建立可以持續執行 UX 設計的環境並且累積經驗，也可以採取別的方法，例如轉調到決策精簡的小型組織，或負責容易取得決策主導權的專案（例如，活化地方的志工組織等）等。

◇② 在現場逐步擴展理解的人數

另一種方法雖然稍微費時，卻可以腳踏實地培養個人經驗與實力，同時加深相關人員的理解，擴大 UX 設計的執行範圍。

我們作者群一直以來採取的方法，也是以這種為主（本書幾乎都是以「在現場逐步擴展理解」的觀點來撰寫的）。這或許非常符合日式作風，但是在工作現場中，如果想要擴大到更多案例，在執行 UX 設計時，我想唯有「先在工作現場中，累積理解 UX 設計的人。」

◇ 什麼是比較容易入手的 UX 設計？

前面整理了打算採取 UX 設計時可能遭遇的狀況。比較容易入手的作法是，在最初的「時機（專案階段）」就找你來加入，並且是在你容易干涉的「領域」中加入 UX 設計，那當然就會容易入手；若沒有遇到對的時機和領域，則是不容易的。以下分別說明。

時機

把你找來的時機，如果可做的事情有限，你卻想把計畫上已完成的內容重做，這樣原本就不可行。尤其在還未進入狀況之前，並不需要輕率地顛覆整個專案的本質。這是為了今後你要讓身旁人員認同「UX 設計的價值」以及「你的實力」，請避免毫無意義地做出造成大家「反對 UX」的行為。

你容易干涉的「領域」

關於「領域」的部分，可以用這種結構來理解。假設有兩個不同的立場（作用），一邊是商業端，一邊是設計端。在這個關係中，如果你想在專案內的相關領域（例如：畫面周圍、網站設計方針、功能等等）加入 UX 設計，理論上應該很容易執行吧（一開始也不用急著檢視使用者的完整體驗）。

可是，做 UX 設計時仍可能會出現超出這個領域的事情。我們把這種會超出領域的界線，命名為「基本線」或「委託線」。

MEMO

假設這是一個有發案與接案關係的專案團隊，可以把商業端當作發案端（客戶）、製作端視為接案端。如果是公司，也可以把商業端當作是部門的企劃團隊，而製作端則是公司內部製作、營運的團隊。

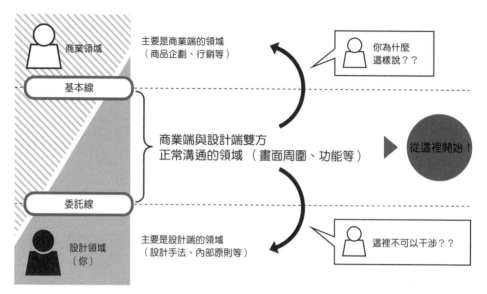

瞭解之後，一開始就從最容易的部分著手。
但是必須以突破為目標。

　　為了站在相反的立場檢視這個狀況，讓我們先跳脫商業問題，以身邊的例子來說明吧。假設你當上暑期活動執行委員，要向附近孩童傳達大自然的重要性。你決定以布偶裝為活動重點，委託活動公司來豐富活動內容。以下就是相關的職責界線。

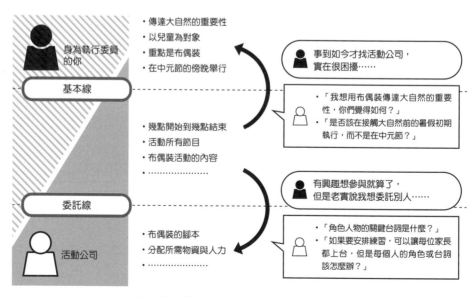

初次執行的工作也會自然產生職責界線

你覺得如何？對方的要求超過你打算委託活動公司的範圍，即使聽了他們的說明，也可能聽不進去（「基本線」）。當然，任務中一定有想要委託專家去做的部分（「委託線」）。相對而言，活動公司如果想和業主一起舉辦優質活動，就會思考，在規劃明年的活動企劃之前，必須先與執行委員會溝通，從企劃階段就開始參與，更深入掌握實務的細節才行。

本來，執行 UX 設計的原則全都一樣，就是必須在非常早的時機就提出意見，還有如何妥善跨越「基本線」與「委託線」。就算從容易執行的部分開始著手也好，改變 UX 設計手法一定會帶來價值，建議一開始可以從比較容易執行的地方下手。

◇ 不需要找出使用者的根本需求嗎？

在與 UX 相關的書中，有此一說「UX 設計應該找出使用者的根本價值及需求」。的確，如果要發動大型改革，這種說法沒錯。但是如同前面所說明的，其中有幾個限制。

這裡先言明，在現實的選擇中，不尋找「根本價值」的 UX 設計仍有意義。這並非野心太小，而是因為這是讓周遭人員認同「UX 設計的價值」以及你付諸執行的「個人實力」之過渡階段。這點非常重要，就算是過渡階段，在商業上也具有價值（換句話說，有當作工作來努力執行的價值）。

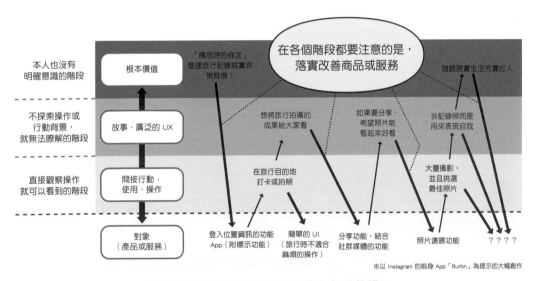

在各個階段的發現將成為改變各個服務的提示

MEMO

我們作者群的經驗裡，都是從客戶或公司還沒聽過「顧客體驗」、八字都還沒一撇的時候，就自主性地在商業現場導入 UX 設計，並累積實際經驗。其中有部分活動還是一邊執行，一邊建立成果（包含客戶在內），可以算是「擴展理解 UX 設計的人」的活動（關於在組織中導入 UX 設計的說明，皆整理在第 8 章，請參考）。

◇ 讓人感受到 UX 設計價值的核心

當你需要讓相關人員理解「UX 設計的價值」時，最重要的共鳴重點（核心、驅動力）是什麼？
那就是：

（雖然想要徹底瞭解）

**即使如此，
還是完全不瞭解使用者!!**

以古希臘哲學家蘇格拉底的口吻來描述，這就是「無知之知」，亦即發現其實自己並不瞭解狀況。
因此我們在這裡大聲疾呼，現在仍有許多人習慣以「我們已經瞭解使用者可能想法」的角度來做計畫
和判斷，但事實上，任何人都可能並不瞭解（其實過去我們也是如此）。

一般人感受到這種「無知之知」時，就會打開各種情感開關，飛快地思考。

這樣很糟
一定要趕快解決問題才行
（消除風險）

竟然有這種疏漏
是與競爭對手拉開差距的機會
（獲得機會）

我想做優質的商品
其實能力還不足
想要及早改善
（對產品或服務的熱愛）

如果沒有更謙虛地向使用者學習（調查），不瞭解的事情會非常多。因此，相關人員之間若能取得
共識，就可以逐漸形成容易執行 UX 設計的環境。

我們常聽到客戶說，在開始執行專案之前，已經徹底調查過使用者。其實多數都只有執行定點問卷調查或問題固定的團體訪談。由於暗示性的假設已經加入到問題的選項中，這樣其實很難有新發現。若反覆檢視「每年大同小異的調查結果」，往往會誤以為確定了使用者的輪廓。其實這只不過是每年同樣詢問使用者已知的主題，所以變化不大罷了。一旦瞭解自己不知道的是什麼，相關人員的態度也會有一百八十度的大轉變。

過去遇到的案例中
覺得理所當然而沒注意到使用者想法的案例

發生的情況		使用者的觀點
在商用旅行相關資料登錄服務中，取消資料變容易之後，反而大幅提升了登錄的數量		過去常常需要取消登錄資料，由於操作起來很麻煩，所以過去總是會刻意避免登錄假資料
團體保險的更新手續只能用書面方式執行，希望能改成線上處理。為了順便提高網路安全性，只限用公司內部的網路		填寫更新表格通常都不是本人，而是配偶，所以如果限用公司內部網路，完成線上化之後，幾乎沒有人會使用
利用付費影片傳輸服務，在智慧型手機上也可以觀看影片		主要的客群只想用家裡的大電視悠哉看電影，完全沒有想用智慧型手機看影片

（以上案例中有更改部分角色）

在服務提供者深信不疑的想法中，發現了隱藏在其中的事實

> **MEMO**
>
> 顧客旅程地圖（Customer Journey Map）（請參考第 6 章）經常成為討論話題，因為它是讓我們對使用者的無知之知浮上檯面的好機會。從正確的調查資料中，不受限於既有的前提來整理資料，就可以充分瞭解，我們視為強大的產品或服務，對使用者而言，可能只不過是其中一個選項而已。注意到這一點，才是真正的決勝關鍵，也是原本 UX 設計的優勢。

1-5　學習並實踐 UX 設計

從下一章開始，要介紹具體的實踐手法。

◇ 你自己先學習，再逐漸影響周圍的人員

如果要和前面介紹的一樣，在工作上使用 UX 設計，建議從容易著手的部分開始，逐漸累積實力與經驗。如此一來，相關人員也會把 UX 設計當作必要事項。

本書並不打算淺顯廣泛地介紹 UX 設計，而要以實踐性的學習教材為目標，因此特別挑選 5 個可以

實踐的方法。從下一章開始,將針對這 5 種方法具體說明。

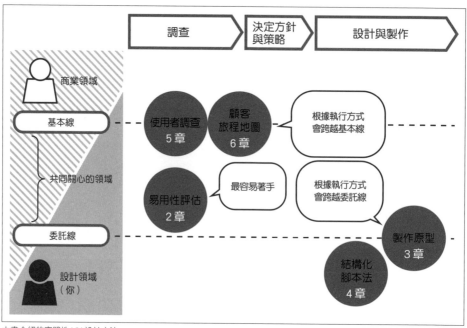

本書介紹的實踐性 UX 設計方法

2章

使用者看見實際使用的情境，可以發現超出製作人意料之外的行動

從易用性評估開始著手

對網頁製作者而言，要推廣 UX 設計時，易用性評估是比較容易加入，也能輕易製造機會實踐的部分。本書作者群具有針對客戶公司內外推廣 UX 設計教育的經驗，我們認為對網頁製作者而言，要實踐 UX 設計，最好從累積易用性評估的執行經驗開始。

written by 村上 竜介（IMJ Corporation）

何謂易用性評估？

「易用性評估」是指請使用者評估網站或 App 等商品或服務的便利性與易用性＊。一般而言，名為「易用性測試」（或使用者測試）的方法，就是透過使用者去做易用性評估。

在網站的易用性測試中，會給予使用者使用網站的目標或任務，請對方單獨做測試。

評估者會觀察使用者執行任務的模樣，並評估（1）使用者能否完成任務（有效性）、（2）是否有效率地完成任務（效率）、（3）有沒有不滿意的部分（滿意度）。

＊何謂易用性？

在 ISO9241-11 的定義中，將易用性定義為「某個產品依照特定使用者，在特定的使用狀況下，為了達成指定目標而被使用時，其有效性、效率、使用者的滿意程度。」

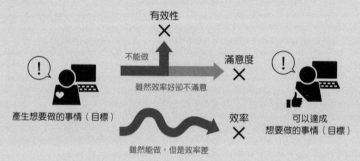

使用者使用產品時，如果無法達成目標，則判斷為「有效性問題」；使用者可以達成目標，但效率不佳時，是「效率問題」；雖然效率不差，使用者卻不滿意，則是「滿意度問題」。

易用性評估的顯示範例

易用性評估完成後，除了顯示易用性如何（好、壞、改善的必要性或需要改善的地方等）外，還要提出理論及根據（為什麼這麼想，這麼想的依據），再加上發現到的問題與原因。改善提案不見得需要做易用性評估，但如果情況允許，請一併顯示。在實務上，通常做易用性評估與改善設計是由不同的人員負責執行。因此，多半是由評估者提出改善提案（如何改善才有效果），負責改善設計的人員則依網站的規格與運用規定，建立出改善措施（具體要如何修改）。同時顯示改善提案，可以讓改善設計的負責人員容易瞭解問題的成因。以下的案例，是使用者從 DM 得知某付費 TV 頻道隨選視訊傳送服務的現有會員，接著是否能以 DM 為線索開始使用服務，將針對這點來做易用性評估。

易用性評估的結果

1. 評估結果

- 易用性如何

- 論證（妨礙完成任務的問題有 14 個，完成率是 0%，所以評估為有問題／需要改善）

- 根據（實際受測者因無法完成任務而放棄）

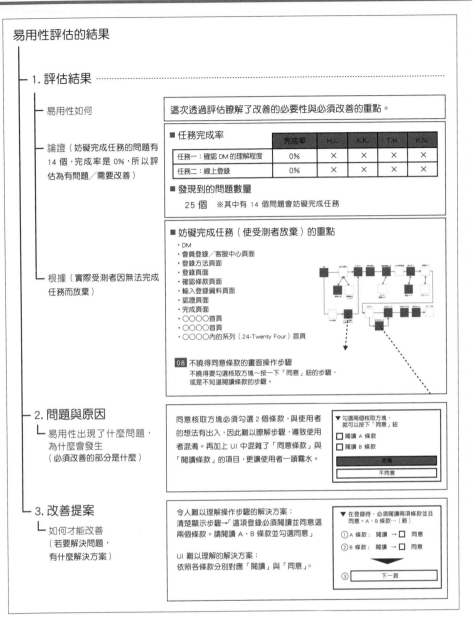

這次透過評估瞭解了改善的必要性與必須改善的重點。

■ 任務完成率

	完成率	H.I.	K.K.	T.H.	K.N.
任務一：確認 DM 的理解程度	0%	×	×	×	×
任務二：線上登錄	0%	×	×	×	×

■ 發現到的問題數量

25 個　※其中有 14 個問題會妨礙完成任務

■ 妨礙完成任務（使受測者放棄）的重點
- DM
- 會員登錄／客服中心頁面
- 登錄方法頁面
- 登錄頁面
- 確認條款頁面
- 輸入登錄資料頁面
- 認證頁面
- 完成頁面
- ○○○○首頁
- ○○○○首頁
- ○○○○內的系列（24-Twenty Four）首頁

08 不曉得同意條款的畫面操作步驟
　不曉得要勾選核取方塊～按一下「同意」鈕的步驟，
　或是不知道閱讀條款的步驟。

2. 問題與原因

- 易用性出現了什麼問題，為什麼會發生（必須改善的部分是什麼）

同意核取方塊必須勾選 2 個條款，與使用者的想法有出入，因此難以瞭解步驟，導致使用者混淆。再加上 UI 中混雜了「同意條款」與「閱讀條款」的項目，更讓使用者一頭霧水。

▼ 勾選兩個核取方塊，
　就可以按下「同意」鈕
☐ 閱讀 A 條款
☐ 閱讀 B 條款
［同意］
［不同意］

3. 改善提案

- 如何才能改善（若要解決問題，有什麼解決方案）

令人難以理解操作步驟的解決方案：
清楚顯示步驟→「這項登錄必須閱讀並同意這兩個條款。請閱讀 A、B 條款並勾選同意」

UI 難以理解的解決方案：
依照各條款分別對應「閱讀」與「同意」。

▼ 在登錄時，必須閱讀兩項條款並且同意。A、B 條款…（略）
① A 條款：閱讀 → ☐ 同意
② B 條款：閱讀 → ☐ 同意
③ ［下一頁］

上圖是評估報告的製作範例。報告本身通常非常簡便。

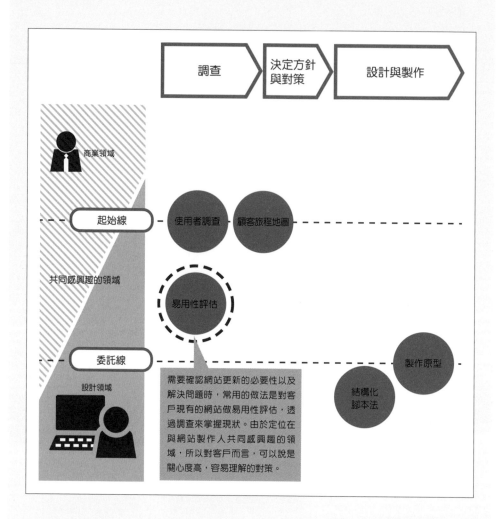

調查 → 決定方針與對策 → 設計與製作

商業領域

起始線

共同感興趣的領域

易用性評估

委託線

設計領域

使用者調查　顧客旅程地圖

製作原型

結構化腳本法

需要確認網站更新的必要性以及解決問題時，常用的做法是對客戶現有的網站做易用性評估，透過調查來掌握現狀。由於定位在與網站製作人共同感興趣的領域，所以對客戶而言，可以說是關心度高，容易理解的對策。

〈 將易用性評估發揮在工作上的難度 〉·······································

偷偷練習	試著運用在部分工作上	邀請客戶加入
★	★	★

　「我們的網站好不好用？」、「改善課題在哪裡？」你是否曾經從客戶口中聽到這些疑問？就算不是直接以這種方式詢問，只要被問及網站更新提案時，也要檢視現狀，思考哪裡好、哪裡壞、哪裡需要改善，提出各種解決方案。

　不只根據經驗，主觀地評論網站，還要透過接下來說明的易用性評估，瞭解「網站哪裡好、哪裡壞、哪裡應該要改善。」這樣一來就能突破現狀，獲得更進階的成果。

2 章 ▼ 從易用性評估開始著手

28

2-1 網站製作過程中有許多機會執行易用性評估

假設你是任職於網站設計或架設網站的公司，應該會遇到許多想改善網站的案子吧！此時，請當作執行易用性評估的好機會。

企業的網站負責人員通常會定期確認 Access Log，檢視網站的成果及狀態，當效果不彰時，就要尋找問題出在哪裡。

可是，從 Access Log 可以知道的，通常只是使用者如何運用此網站。從使用者跳出的趨勢，可以瞭解可能出現有問題的網頁或物件，卻仍無法確定網站發生了什麼具體問題？原因為何？這樣將無法提出有十足把握的網站改善策略。

這時如果做易用性評估，就可以確定網站的問題與原因。

從 Access Log 得知網頁可能出現問題，卻不曉得是在網頁的何處發生什麼問題

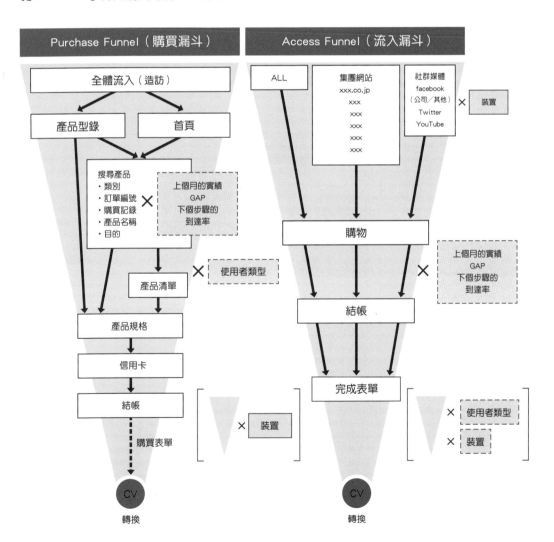

2-2　何謂網站現場的易用性評估？

易用性評估可以確認網站設計是否妥善。

評估網站現場的易用性，是評估某人在某種狀況中，是否可以有效率、滿意地完成某個任務。下面將以衛星播放網站（隨選視訊服務）為例來說明。

假設某人平常只用智慧型手機來收發電子郵件與瀏覽新聞，他看了電視，想申請衛星播放服務，因此打了客服電話，對方卻一直忙線中；所以他想用智慧型手機透過網路來申請（某個狀況、某個任務），我們想確認他是否能不浪費時間（有效率）、沒有抱怨（滿意）地完成申請步驟（能否完成）。

確認某人在某種狀況中， 是否可以有效率、 滿意地順利完成某個任務

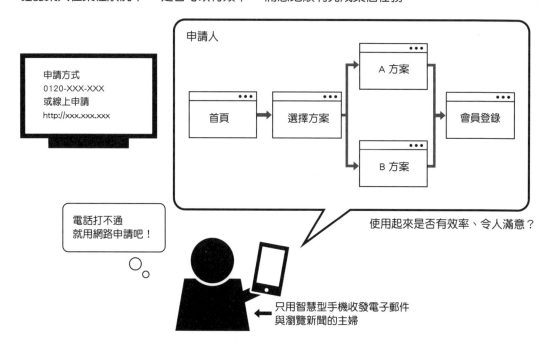

2-3　易用性評估的方法

評估網站易用性的主要方法，就是找來使用者，觀察使用網站的情況，並列出網站的問題。

當然也有不找使用者就執行易用性評估的方法，之後再說明。以下先說明找來使用者，執行「易用性評估」的方法。

◇ 要做什麼？

觀察使用者使用網站的狀況，確認使用者是否會依照網站設計者的想法來操作網站。

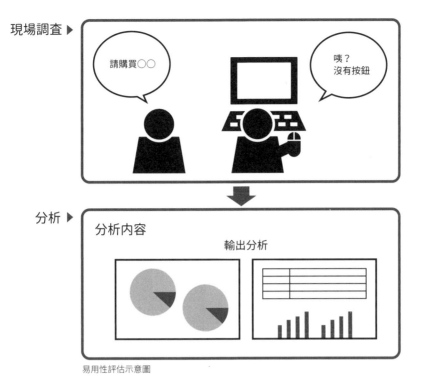

現場調查 ▶

分析 ▶

易用性評估示意圖

這裡的重點是,設定「使用者、狀況、任務 (給使用者的目標)」。

「使用者、狀況、任務」

使用者:覺得錄影很難因此不會錄影,喜歡電視劇的 55 歲主婦
狀況:因為要外出,看不到期待觀賞的《24 Season IV》第 23 集
任務:在某付費電視頻道的線上隨選視訊網站觀看《24 Season IV》第 23 集

易用性的定義是「在特定的使用狀況下,由特定使用者,使用某個產品,達成指定目標時的有效性、效率、使用者滿意度。」(這是在 ISO 9241-11 中賦予的定義)。當「使用者、狀況、任務」任何一項出現變化,都會影響到易用性的好壞。

MEMO

◆ 易用性對網站的重要性

網站是使用者單獨操作的東西,使用者會不會操作,將有天壤之別。使用者是否具備熟悉裝置操作或瀏覽的經驗?是否瞭解在登錄會員時,出現的「電子郵件認證」是什麼意義?根據這些知識,將直接產生「會用」與「不會用」的相反結果。
使用網站的人是哪種人?在何種狀況下,要達成什麼目標(執行任務)?如果沒有釐清這些項目,將很難設計出提升成效的網站。

2-4 易用性評估的執行步驟

要開始執行易用性評估，其實一點都不難。請一邊檢視執行步驟，一邊實際操作看看。

我們將易用性評估的執行步驟概略整理如下。

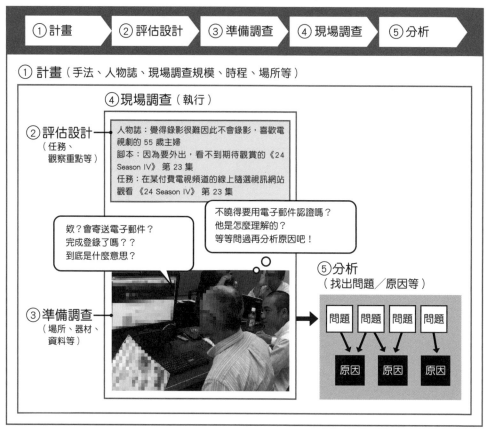

執行易用性評估的步驟

以下依照這 5 個步驟，說明執行流程。

◇ ①計畫

首先決定要為了什麼目的，要讓誰在何時做什麼、如何做。

計畫階段的實施步驟

① – 1　目的、目標

和其他工作一樣，在易用性評估中，釐清目的、目標非常重要，而且要優先執行。

首先是目的。專案相關人員要先釐清評估的背景與評估結果的運用方法。

想瞭解現在的網站是否容易使用

釐清目的

希望將網站的目標對象擴大至對服務不瞭解的使用者。希望把對這種
人而言，現行網站好不好用的問題，加入 4 週後開始執行的網站修改
專案中。預算為依照條件定義的現狀評估費用○○萬元。

評估目的範例

接下來，要釐清評估結果的用法（如何將評估結果運用在後續的任務上）。如果是做網站的易用性
評估，可以設定成「瞭解能否達到目標轉換，如果不行，該如何改善。」

評估使用者是否能透過 DM 開始使用服務。

釐清目的

不知道服務（未登錄）的目標使用者，能不能經由邀請登錄會員的 DM，
使用隨選視訊服務。

釐清阻礙使用該服務的問題與原因。

評估結果範例

① - 2 評估用的簡易人物誌

為了瞭解使用者的要求並滿足該要求，要製作「人物誌」。人物誌是指目標使用者的形象。

前面有說明過，易用性必須具備「使用者、狀況、任務」，而人物誌可以看成是把這裡的「使用者」具體化後的使用者形象。

山本 久子（55 歲／女性／主婦）
「不懂的事，開口問人就好」
興趣：網球、追劇

- 加入時間：半年　・簽約者：先生　・加入發起者：本人
- 環境：客廳的沙發。約 50 吋的液晶螢幕。用電視內建硬碟錄影。
- 使用方法：可以在家追劇時，就直接看電視；外出而看不到電視時，就
  放棄跳過。
- 問題（煩惱／困擾）：希望把錯過的電視劇錄起來看，但是不曉得該如何
  錄影，因此無法錄影。
- 網際網路的使用能力：會搜尋與瀏覽網頁，但是覺得去操作互動或選擇
  過多的網頁很困難。

評估用的簡易人物誌範例

人物誌不是一般的個人簡介，而是用來思考或決定如何設計網站的使用者形象，為了瞭解必須解決的問題或應該滿足的要求才製作的。由於要利用網站的設計來解決問題與要求，為了思考哪種解決方法較適合，也必須製作人物誌來瞭解人際關係與環境。

大部分的人在設計或企劃給別人用的商品時，或多或少都會在腦中想像使用者形象來完成設計或企劃。

當你初次製作人物誌時，請參考以下範例，試著在腦中想像使用者形象。

使用該產品的人物特徵、特性

特定項目範例

使用者的特性　知識程度／經驗程度／技能程度／身體特性／習慣／喜好

使用者的工作　工作流程／職務、責任／使用目標／使用頻率／持續使用時間

環境因素　　　硬體、軟體／相關資料／物理環境／與周遭人員的關係

定義人物誌時的項目範例

完成人物誌後，就要找到接近這個人物誌的對象來做易用性測試。

這些找來協助測試的對象，因此我們稱為「受測者」。

MEMO

◆ **如何找到受測者？**

要進行受測者評估時，需要有人扮演操作網站的使用者角色。有時我們會找（招募）在市調公司登錄會員的人。不過也可能從親朋好友中招募。

實際上，因為預算及時間的關係，經常出現在公司內部招募受測者的情況。即使是在公司內部有限的員工中（偶爾放寬條件）招募到的使用者，只要在測試中隨時記得妥協點（受測者與人物誌的不同處），其實也可以發現到不少問題。

---

① - 3 　決定時程、場所、負責人員、受測者、預算

我想，這裡決定的事項，與多數工作是相通的。就是要決定何時、何處、對象、執行程度。

與其他工作最大的差異是，在做受測者評估時，要找來受測者。如果要找受測者，最好在現場調查（執行評估）的前兩週開始著手，會比較保險。要找哪種人來當受測者？設定何種條件？這些都必須在現場調查前完成。

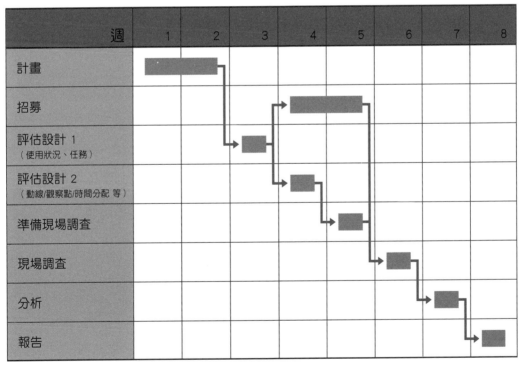

受測者評估的時程範例

MEMO

◆ **真的需要 8 週嗎？**

承接案子時，如果如上述範例採取瀑布式手法，一邊取得各個流程的許可，一邊進行時，建議先預估 8 週的時間，會比較妥當。

話雖如此，我們很少遇到在 8 週之內能放下專案的其他工作，只執行評估的情況。所以必須妥善統籌，同時執行其他任務。當然計畫及設計要優先執行，但工作太多時，我們可以減少當作評估對象的任務或評估對象的人物誌數量（目標使用者就算有兩種以上，也只選擇最重要的人物誌來進行），或是在計畫時一併進行設計。

評估對專案期間的影響，實際上多為 1～3 週。其中，也有影響不到 1 週，甚至極端一點的例子，也可能出現影響為零的情況。

但是，那些能嚴格控制影響、降低對時程影響的案例，通常是在評估設計部分有獲得充分授權，不需要取得客戶許可，或邀請客戶一起參與現場調查、分析的情況。所以前提是，必須獲得客戶信賴，或由客戶提供相對應的協助。

◇ **②評估設計**

在做易用性評估時，我們必須製造出使用者實際使用網站時會遇到的問題，在評估的實驗場景中，盡量忠實呈現出來，而這個部分稱作「評估設計」。

評估設計的執行步驟

② - 1　評估範圍

根據評估目標，決定要以何種動線為對象來評估。

評估目標

●不知道服務（未登錄）的目標使用者，能不能經由邀請登錄會員的 DM，使用隨選視訊服務。
●釐清阻礙使用該服務的問題與原因。

評估動線

DM→某付費電視頻道隨選視訊網站 TOP→（…省略…）→收看內容網頁

評估範圍

設計網站時，要思考轉換*與動線。首先，列出從首頁開始，到想要評估的轉換為止的動線，會比較容易瞭解。但是，實際的動線（使用者自己選擇的畫面）不只一條，所以要先決定評估範圍。

※ 譯註：「轉換」就是讓網站使用者依照網站引導去採取特定的行動，例如購物或填寫表單等。

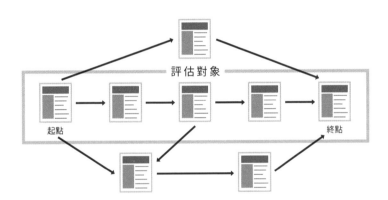

評估對象

起點　　　　　　　　　　　　　　　　　　終點

MEMO

◆ 當受測者前往設定範圍外的畫面時，該怎麼辦？

在現場調查中，有時受測者會跑到評估範圍之外的畫面。此時，仲裁者（負責做現場調查的人員）要提醒受測者，請對方回到評估範圍內。

假設在會員登錄的步驟中，受測者開始仔細瀏覽公司簡介網頁時，請詢問對方「麻煩暫停一下。請問您現在想在這個網頁中找什麼資料呢？」等問題。假如受測者回答「我想知道這間公司能不能令人安心。」仲裁者要提醒對方「您可以在這個網頁中看到令人安心的公司資料，這樣就可以回到剛才的網頁了。」重新返回評估範圍內。

為什麼受測者希望安心？提供什麼資料才能讓對方安心？這點也很重要，在現場調查後，進行事後訪談時，再詳細詢問受測者即可。

②-2　任務、腳本

　　準備評估用的任務與腳本。請以能在評估範圍內發現的動線問題為主來設計任務。腳本是在受測者執行任務時，必須提供給受測者的必要前提。

<table>
<tr>
<td>

人物誌

山本 久子（55 歲／女性／主婦）
「不懂的事，開口問人就好」
興趣：網球、追劇

- **加入時間**：半年
- **簽約者**：先生
- **加入發起者**：本人
- **環境**：客廳的沙發。有約 50 吋液晶螢幕。用電視內建的硬碟錄影
- **使用方法**：可以在家追劇時，就直接看電視，外出看不到時，就放棄跳過。
- **問題（煩惱／困擾）**：希望把錯過的電視劇錄起來，但是不曉得錄影方法，因此無法錄影。
- **網際網路的使用能力**：會搜尋與瀏覽，但是覺得操作互動或選擇過多的網頁很困難。

</td>
<td>

腳本

加入某付費電視頻道後，法國網球公開賽即將開始。接下來是溫布頓網球錦標賽以及美國網球公開賽，到九月中旬，4 大滿貫賽陸續開打。為了觀看一月的澳洲網球公開賽而加入，雖然也看了電視劇，可是有一直付錢的價值嗎？而且還有錯過沒看到的時候。開始在意這個問題時，收到了某付費電視頻道寄來新服務「隨選視訊服務」的 DM。
十月之後要繼續加入嗎？正在猶豫時，看到封面寫著「不再錯過追劇」，覺得還不錯，所以仔細看了 DM。

</td>
</tr>
</table>

任務

（1）：看了 DM 之後，請告訴我，您認為「隨選視訊服務」是什麼樣的服務。
（2）：請在電腦上利用某付費電視頻道的隨選視訊服務網站，
　　　觀看錯過的連續劇《24-TWENTY FOUR Season IV》第 23 集。一邊看 DM 一邊操作即可。

評估用任務與腳本範例

　　評估目標如前面範例所說的，想了解「不知道服務（未登錄）的目標使用者，能不能經由邀請登錄會員的 DM，成功使用隨選視訊服務。」因此可以把任務設定成：評估在「開始使用隨選視訊」時，會發生何種問題的任務。為了清楚瞭解完成任務狀態，可利用書寫方式，明確判斷是否能完成任務。

　　在上述評估用人物誌及腳本範例中，分成兩個任務。這是為了促成轉換，而需要「(1) 利用 DM 瞭解服務，(2) 檢視 DM 與網站，執行操作步驟」等兩個階段，才將任務分解成兩個。分解之後，可以分別評估「從 DM 中可以瞭解服務內容嗎？」以及「能不能執行後續操作？」這兩件事。

　　腳本是為了瞭解受測者為什麼必須執行該任務而設定的。藉由這裡的「為什麼」，使用者會出現找錯資料，或使用者可以接受、忍耐等程度不同的情況，因此為了接近使用者的實際狀況，請用心寫出自然的腳本。只要決定了評估目標與任務，這個步驟應該不難。

MEMO

◆ 簡單製作評估用人物誌及腳本的方法

製作人物誌及腳本時，通常沒有足夠的使用者資料，或沒有足夠時間及預算重新執行與使用者有關的調查，因此必須快速簡單地製作出評估用人物誌及腳本。

若想簡單製作出評估用人物誌與腳本，建議最好先訪談被評估網站的設計者與管理員之後再製作。由於設計者是根據網站各個利害關係人的各式各樣要求來設計網站，所以他們掌握了哪種人，在何種狀況下，如何使用等等。訪談設計者，製作出人物誌與腳本之後，請管理員檢視並修改，就可以快速完成評估用人物誌與腳本。

最後，請再寫出另一個腳本。還有一種腳本稱作「操作腳本」(請參考第 4 章)。「操作腳本」是指列出使用者為了完成任務，必須執行的具體操作。例如：「按下首頁站內導覽的『電視劇』按鈕，再按下電視劇首頁站內導覽列的『已上傳內容』按鈕」，請以這種形式具體地寫出來。

有了操作腳本，在受測者使用網站時，我們可以清楚瞭解哪個步驟沒有依照操作腳本來執行，這能成為發現問題的線索。

畫面		操作
「隨選視訊服務」首頁（top）	「隨選視訊服務」 某付費電視頻道 http://www.***.co.jp/***/	1. 登錄會員方法請按此
登錄方法（reg_00）	登錄方法 「隨選視訊服務」 某付費電視頻道 http://www.***.co.jp/***/***/	1. 已加入某付費電視頻道者　按一下 2. 沒有某付費電視頻道線上帳戶者， 　　請按此登錄會員
線上帳戶確認使用條款（reg_01）	確認線上帳戶使用條款 某付費電視頻道 https://www.***.co.jp/***/****	1. 檢視「某付費電視頻道線上帳戶使用條款」， 　　勾選瀏覽「個人隱私保護方針及使用規範」 2. 同意　按一下
輸入登錄資料（reg_02）	輸入登錄資料 http://www.***.co.jp/***/***/***	1. 線上帳戶〔必填〕輸入 2. 密碼〔必填〕輸入 3. 電子郵件〔必填〕輸入 4. 性別〔必填〕輸入 5. 出生年月日〔必填〕輸入 6. 暱稱〔必填〕輸入 7. 登錄市場調查 monitor 輸入

操作腳本範例

② – 3 觀察重點

　　評估時，要先決定必須特別檢視哪個部分。只要連操作腳本也寫出來，我想在評估導引線上，應該會出現幾個問題假說。例如，從「有沒有注意到『同意』按鈕？」，到「是否瞭解某付費電視頻道線上帳戶的意義？」等隱性部分。

② – 4 流程、素材

　　接著要設計現場調查當天的具體流程，決定需要的素材、器材及人員。

　　首先是設計流程。由於現場調查時可用的時間是有限制的，為了維持受測者的注意力，請製作每次1 小時～1 個半小時的時間表。

	05 分鐘	介紹：寒暄、拍攝許可、NDA（保密合約）
	05 分鐘	事前訪談
	10 分鐘	向受測者說明：要評估什麼及放聲思考（Thinking Aloud）（容後說明）
現場調查	10 分鐘	設定環境（電腦）
	45 分鐘	執行任務（確認 DM 10 分鐘、確認理解＆補充 5 分鐘、登錄任務 30 分鐘）
	10 分鐘	事後訪談
	05 分鐘	致謝、送客
更換受測者	30 分鐘	整理＆將環境還原成預設＆設定

時間表範例

　　接下來是準備素材。請一邊檢視流程設計，一邊列出所需的素材。基本的資料如下所示。

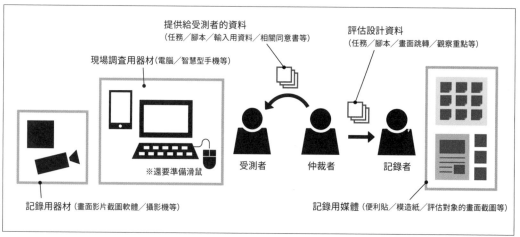

基本的素材

請以基本素材為基礎，再配合評估設計與當天的流程做調整。在以下的範例中，由於需要同時記錄眼球軌跡（使用能追蹤、記錄人類視線的裝置，將使用者的視線視覺化），使得電腦處理負擔加重，只用畫面截圖軟體可能會變得不穩定，因此同步用攝影機拍攝操作畫面，以防萬一。

設備管理	會場	會議室
	電腦	公司內的器材
	錄音機 × 1、數位相機 × 2	公司內的器材
	攝影機 × 1	防止畫面截圖軟體出狀況
文件	測試設計書	腳本＋任務＋畫面跳轉＋觀察重點
	當日的流程表	時間表
	仲裁者用腳本	
	更換用文件	電腦、瀏覽器初始化步驟文件
	提供給受測者的現場調查用資料	腳本＋任務＋輸入用模擬資料
	相關同意書	NDA（保密合約）、與個人資料有關的同意書
記錄媒體	模造紙＋便利貼	記錄者將寫了觀察記錄的便利貼直接貼在牆上
其他素材	執行時，在門外貼上注意事項	
	從大樓入口開始到櫃台為止的引導指示牌	

器材表範例

◇ ③準備調查

準備或製作為了現場調查而決定的流程與素材。在準備過程中，要特別注意的是預測試。

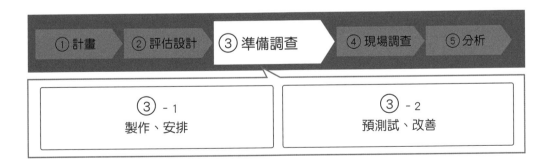

③ – 1 製作、安排

在準備流程、素材的階段，應該已經確定了需要的場所與物品。接下來，將針對現場調查，開始著手安排及製作。公司提供的設備應該足以應付大部分的東西，其中的攝影機及錄音機也可以用智慧型手機的 App 來代替。

③ – 2 預測試、改善

預測試 (Pre-test) 是指針對評估的目的或目標，事先測試易用性評估的設計是否適當。預測試可以請公司內的同事等願意幫忙者（前提是要對執行易用性評估的內容或網站一無所知的人）來扮演受測者的角色。

執行預測試，可以在現場調查之前發現、解決時間分配適不適當的問題，或發現為了讓受測者瞭解腳本，需要增加素材的問題。

尋找受測者需要花一定的時間，而且通常也無法一直更改時程，所以請務必執行預測試。

◇ ④現場調查

現場調查時，要執行以下 7 個事項。

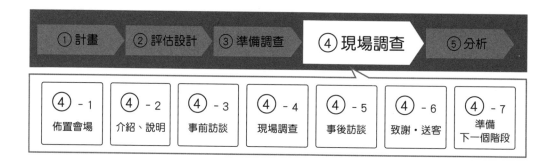

④ – 1 佈置會場

建置可以執行現場調查的物理環境。

建置環境的訣竅是，要讓受測者能將精神集中在電腦或智慧型手機上。受測者若發現被注視或有人中途跑進來，就會無法冷靜，所以要使用隔間屏風來安排佈置環境。

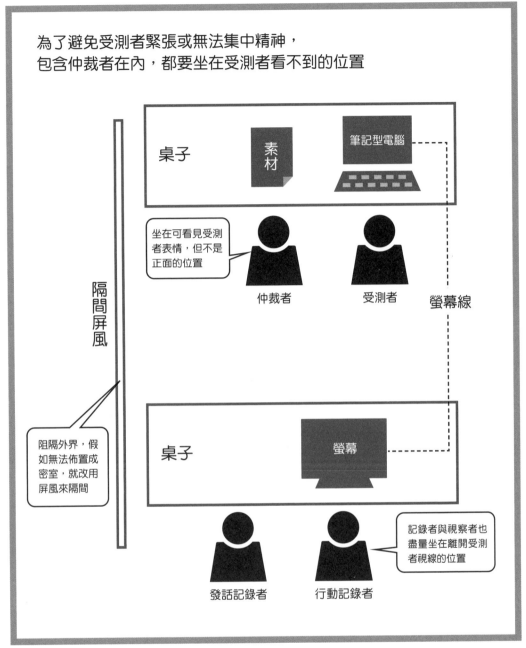

為了避免受測者緊張或無法集中精神，
包含仲裁者在內，都要坐在受測者看不到的位置

佈置現場環境的訣竅

④-2 介紹、說明

▶ 引導受測者到現場調查會場，概略說明執行內容。

▶ 本次調查的目的（找出網站的問題）

▶ 請受測者執行的事項（使用、操作該網站等）

▶ 傳達執行此次評估的心態（不是評估你的能力，而是要評估網站的潛在問題，請以平常心來使用）。

④-3 事前訪談

　　在現場調查前先做訪談。掌握受測者與人物誌的差異，並且在觀察現場調查時，要考量到這一點。

　　另外，受測者可能會緊張，而無法以平常心使用網站，導致找不出平日可能發生的問題。因此，在事前訪談時，請微笑點頭或不斷附和對方，同時建置讓受測者安心的環境。最重要的是，要積極表現出對受測者充滿敬意與善意。

　　「測試」或「受測者」等名詞也會讓人緊張，所以記得換成「請試用一下這個網站」或「使用者」等，這點也很重要。

　　像這樣，建立讓受測者安心的信賴關係，這稱為「投契關係 (Rapport)」。

④-4 現場調查

　　告知受測者任務，請對方執行並觀察。

④-4-1 告知任務

　　開始執行任務時，請先將腳本告知受測者。腳本是用來讓受測者瞭解使用網站的背景 (何時、何處、為何)。背景會影響使用者的行為，得到的結果 (=問題) 也會出現變化。

　　此時必須注意到，不要給予受測者可以預想到網站用法的提示。例如，在做電子商務網站的易用性評估時，必須提供購買商品時要輸入的住址、信用卡號碼等完成任務用的虛構資料給受測者，但是如果事先告訴對方，使用者就會預想「住址或信用卡卡號要在哪裡輸入。」

　　這種可能會變成線索的資料，請等使用者詢問後再提供。因為在使用者的實際使用狀況中，也需要輸入信用卡卡號，所以一開始就會想到。

　　此外，在告知受測者任務時，請配合使用者在實際使用狀況中，腦中可能想到的資料或用字遣詞來告知對方。

　　這裡要注意的是，有時候會因為傳達者的關係，而讓提供的資料成為用法的線索。例如，「在這個 EC 網站中 (一邊看著照片)，請購買○個含有多色組合的便利貼。」像這樣傳達任務時，要注意避免提供具體的產品名稱給受測者。因為，受測者會以被告知的產品名稱開始搜尋，實際上可能無法順利搜尋到的產品，結果卻因此變得很容易找到。

　　除此之外，也要請受測者在使用網站時，把他的所思、所想、所感，全都盡量說出來。這種手法就稱為「放聲思考法」。

> **MEMO**
>
> **放聲思考法**
>
> 對使用者說「請一邊將您想到或感受到的事情全部說出來,一邊使用網站。」這樣做可以在
> 出現意料之外的用法時,馬上就瞭解為何發生這種狀況(如果等使用完畢後再詢問受測者,
> 多數人都無法清楚記住當時的情況)。
>
> 有時,最好在使用網站之前,就請使用者先練習這種放聲思考法。例如,把錄音機交給對
> 方並說:「請錄音。開始錄音之後,請說出『完成了』。」像這樣練習。假如對方立刻說出:
> 「欸,要錄音的話,哪裡有寫 Rec 之類的字眼呢?啊,有紅色的按鈕,應該是這裡吧?」就
> 繼續練習下去。如果對方不發一語,馬上開始按錄音機,你要適時提出「請問您現在在看
> 哪裡?」或「請問您現在在想什麼?」促使對方回話。若中途對方停止發話時,也要同樣
> 想辦法讓對方說話。

④-4-2 觀察受測者使用網站的模樣

觀察時,請注意受測者使用網站的方法與操作腳本之間的落差。

尤其請仔細觀察受測者的行為(包括網站操作或受測者本身的舉動等)以及受測者所說的話(讓對方
說出所思、所想、所感的事情)。

在後續的分析部分會進一步說明,請先分別將行為與發話內容記錄下來。因為發話可能是受測者為
自己的行為找藉口、做解釋,但是行為卻是難以混入這種解釋的部分。因此請以「行為=事實」、「發
話=背景」來處理,並且想成,先重視「行為=事實」,為了解釋這個部分,而參考「發話=背景」。

觀察受測者使用網站的過程中,有時會出現「不曉得受測者為什麼會做出這種行為」的情況。假如
連採取放聲思考法也無法瞭解時,請詢問使用者為何有這種行為。此時請避免用封閉式問題「因為
○○的關係嗎?」而要以開放式問題「為什麼?」來詢問受測者。

> **MEMO**
>
> **◆ 執行任務時會遇到「盡量別提問」與「最好要提問」的情況**
>
> 原則上,執行任務時最好忍住別提問,等大致完成任務後,再做事後訪談。例如讓受測者
> 瀏覽該網頁,同時詢問為何有這種行為,請對方回想並告知大概的原因。建議先錄下執行
> 狀況,之後一邊播放一邊詢問,使用者會比較容易回想。若在執行任務的過程中詢問受測
> 者,有可能會讓受測者無法集中精神來執行任務。
>
> 不過,有時會出現不當場詢問就會忘記的情況,這時請別忍耐,請在執行任務的過程中直
> 接問受測者。因為如果是受測者下意識的行為,等到後續詢問時,極可能已忘得一乾二淨。

接下來，要說明關於記錄的部分。

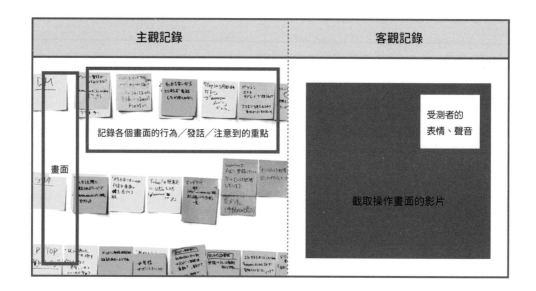

請記錄觀察到的結果。在這份記錄中，包含「主觀記錄」與「客觀記錄」等兩個部分。

客觀記錄是指，用影片記錄受測者操作畫面和操作的模樣。隨著滑鼠移動，錄下操作畫面的影片，同時也一併記錄聲音與受測者的動作及表情。

主觀記錄是指，仲裁者與記錄者透過觀察，把注意到的事情記錄下來。請留意與操作腳本之間的落差，記下可能有問題的地方。依照易用性的定義，以「完成了嗎？」、「快速完成了嗎？」、「有沒有不滿意？」等觀點來檢視可能有問題的地方，就會很容易瞭解了。

此外，記錄是用來瞭解受測者的行為或發話是在哪個畫面的哪個部分發生的？記錄工作通常由少數人負責執行，所以我們常採取如上圖所示的記錄方法。

④–5 事後訪談

觀察受測者使用網站的模樣，會陸續出現令人在意的部分，而想要問對方「為什麼」。當受測者反覆在相同地方打轉，我們會注意到對方在找什麼；當對方開啟意料之外的連結時，可以注意到對方是為了什麼而困擾、想要什麼。詢問對方這些事的步驟，就是結束任務之後要做的事後訪談。

事後訪談是在執行任務後統一詢問受測者，我們在觀察過程中注意到的部分。

MEMO
◆ 事後訪談的時機

事後訪談要在完成任務之後，再統一詢問受測者。但是若在一次現場調查中，必須連續執行多個任務時，與其等完成所有任務再詢問，反而在完成每個任務後，分別進行事後訪談會比較合適。

假設要評估 EC 網站，可能分成 (1) 從找到商品到使用信用卡為止，(2) 到登錄會員為止，(3) 到完成購買為止等任務。假如受測者沒有完成會員登錄、無法繼續下個步驟時，請在完成 (2) 的時候先加入事後訪談。事實上，在使用者的實際使用狀況中，除非完成 (2) 會員登錄，否則無法到達 (3) 完成購物。換句話說，使用者執行 (3) 的購買商品任務時，要在解決 (2) 產生的疑問的狀態下才能執行。如果要列出執行 (3) 購買時的問題，必須先完成 (2) 的會員登錄狀態，因此在 (2) 會員登錄任務之後，先進行事後訪談，一併解決在 (2) 登錄會員時受測者發生的問題。

在事後訪談時，要將注意到問題的網頁顯示給受測者，並同時詢問對方。一邊給受測者觀看該處，一邊詢問，比較容易讓對方回想起當時的想法或感受。如果有錄製包含滑鼠動作的操作畫面影片，請把影片播放給受測者看，讓受測者可以輕易地想起當時更清楚的細節。

在易用性評估中，受測者「為什麼」出現這種行為，是鎖定網站問題主因的重要資料，因此一定要保留事後訪談的時間。事後訪談的時間請先預估為執行任務時間的 1/4，就可以針對一些重要的問題詢問受測者。假設執行任務的時間為 60 分鐘，事後訪談先預留 15 分鐘即可。

MEMO
◆ 記錄者也要在事後訪談提問

在做現場調查時，原則上只有仲裁者會與受測者講話，但是在事後訪談中，也請記錄者提出問題。不同的觀察者，注意到的問題多少會有些差異。由記錄者提問，有時候可以發現仲裁者尚未察覺到的問題。

④–6 致謝・送客、④–7 準備下一個階段

▶將謝禮交給受測者，送客之後，再準備下一個階段。
▶謝禮要先準備收據，讓受測者簽名。
▶送客時，請表達感謝，禮貌地完成。

下個階段的準備工作是，把器材、素材恢復原狀，形成可立刻進行下個階段的狀態。在下個階段的準備工作中，必須注意到要刪除歷史瀏覽記錄。倘若保留網頁瀏覽記錄、快取、Cookie 等，在進行下個階段時，將會出現各種問題。例如，應該點選的文字連結顏色，變成已經造訪過的顏色，而成為線索；或在輸入表格時，把上次輸入內容顯示為建議內容，將導致不必要的混淆。

◇ ⑤分析

在分析步驟中，要執行以下 3 個部分。

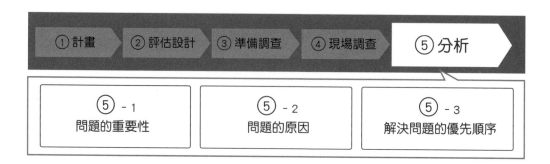

由多位成員，反覆針對各個畫面中的行為、發話、注意點，以 ⑤ -1～ ⑤ -3 的觀點來分析。

⑤－1 問題的重要性

將發現到的問題依照重要性分類，當作解決問題時的優先順序參考。重要性分類是依照「有效性、效率、滿意度」來篩選。請盡量別用自己的主觀想法，而是以使用者形象，亦即對人物誌而言的重要性來思考。

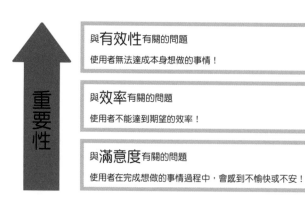

與 **有效性** 有關的問題
使用者無法達成本身想做的事情！

與 **效率** 有關的問題
使用者不能達到期望的效率！

與 **滿意度** 有關的問題
使用者在完成想做的事情過程中，會感到不愉快或不安！

「有效性」與「效率」可說是與防止跳出或完成約定（搜尋商品、購買、步驟）有關的問題。而「滿意度」則是關於向別人推薦的意願「口碑、按讚！」或（再）使用的意願「想再次使用，或再嘗試使用」等的問題。

通常時間與預算是有限的，所以必須針對發現到的問題，決定解決問題的優先順序。

⑤－2 問題的原因

分析問題的原因，可以思考什麼是必須排除的主因，或如何改善。

儘管多數的網站設計師或總監能以本身的知識來分析問題的原因，但若先決定分析原因的方法，就能用統一的觀點分析大量問題，因此能更有效率地分析、發現更多問題，也會比較容易傳達給專案成員。我們常用的分析方法是，唐納‧諾曼（Don Norman）提倡的「好設計的 4 個原則」。

1　**可視性**
一眼就可以看出怎麼做比較好，或瞭解會發生什麼事。

2　**良好的概念模型**
使用者想像的系統與實際一致。
輕易瞭解以何種結構來執行，必須採取何種操作。

3　**良好的對應**
事先瞭解操作對象與結果的對應。

4　**回饋**
瞭解操作後是否可以獲得期望的結果。

「好設計的四個原則」在唐納‧諾曼的著作《設計的心理學》（遠流出版，2014 年）有詳盡的描述。這是一本值得參考的書籍，有興趣的讀者必讀。（2-5 末尾的 MEMO 有詳細說明）。

⑤－3 解決問題的優先順序

評估易用性時，我想應該可以找到各式各樣、大大小小的問題。雖然最好將所有找到的問題都改善，但是受到專案預算、時間、系統的限制等，通常很難全部做到。因此，必須決定要優先解決哪些問題，以及如何解決這些問題。

若要決定解決問題的方法，就得先釐清發生問題的原因。此外，要決定優先解決哪個問題，可如下圖所示，試著從問題大小與解決問題的難度等兩個方面來分析，會比較容易瞭解。

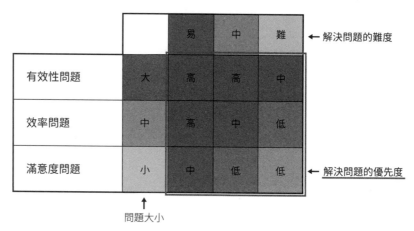

	易	中	難	← 解決問題的難度
有效性問題	大	高	高	中
效率問題	中	高	中	低
滿意度問題	小	中	低	低	← 解決問題的優先度

↑
問題大小

問題大、容易解決的問題，優先順序較高。

MEMO

◆ 由誰來執行

檢討易用性評估的執行情況時，常會問到「需要找幾個人執行？」、「要做幾次才夠？」

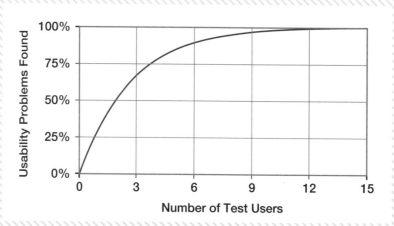

執行易用性評估的人數與發現的問題數量關係圖（「Why You Only Need to Test with 5 Users」by JAKOB NIELSEN）。執行人數到達一定數量後，發現的問題減少了。

但是，根據我們作者群的經驗，對 5 名受測者執行 3 次易用性評估，與對 3 名受測者執行 5 次易用性評估，反而是後者較能提高測試的精準度。於後續製作原型的步驟中，再次測試依評估結果改善的設計，可明顯看到結果變好。因此與每次增加人數相比，不如增加執行次數，效果還更好。

我們作者群大部分都是以每次 3 名受測者來做易用性評估。若只有 1 人，很難判斷其他人是否也會出現相同的問題。若只有 2 人，萬一這兩個人出現完全相反的結果，往往不曉得該如何判斷。若有 3 名受測者，就比較容易判斷大部分人可能遇到或可能不會發生的問題。

◇ 先嘗試看看

如果你想瞭解究竟需不需要執行易用性評估，最好的方法就是實際執行，才瞭解能發現何種問題。因此，我們建議針對你現在負責的專案，實際做做看易用性評估。

在沒有人委託的情況下，你可以在能力所及的範圍內，依照自己的想法來進行，也不用擔心失敗。

MEMO

◆ 利用易用性測試看見使用者的要求

雖然易用性測試原本是用來評估事物的品質，而非瞭解使用者。但是透過放聲思考法，可以看出使用者的需求。此外，利用事後訪談，詢問使用者期待什麼、如何掌握，就能加深對使用者的瞭解。

但是，這種作法有時也會有缺點，例如變成只要求功能等表面性期望，或對使用者的使用情境理解太過片段。詢問這些問題並非毫無意義，不過若想瞭解使用者、找出他們的本質欲望，建議設計並執行使用者調查（第 5 章）

2-5 不用找使用者也能做的「專家評估」

執行易用性評估時，都要找受測者嗎？倒也未必。以下說明不用找使用者的「專家評估」法。

要做易用性評估時，其實有「受測者評估」與「專家評估」這兩種方法可以選擇。

		成本 （預算、期間）	評估物的必要具體性	瞭解事項		
				能否完成任務	能否有效率地完成	能否滿意地完成
專家評估	啟發式評估	低	高	△	△	×
	認知演練	中	低～高	○	○	×
受測者評估	易用性測試	高	中～高	◎	○	○

易用性評估的手法比較表

請以評估目的與成本為前提，討論究竟要採用何種手法。

設定「使用者、狀況、任務」之後，由你自己扮演使用者（目標使用者）試用網站，可以發現目標使用者可能發生的問題。如此設計並由評估專家來評估的方法，稱作「專家評估」，其中扮演使用者來評估的方法，稱作「認知演練 (Cognitive Walkthrough)」。

認知演練

◇ 適合找使用者的情況

當評估者與實際使用者的技能、知識、文化有著天壤之別，很難成為設定好的使用者時，最好找來接近實際使用者的人來執行評估。

假設目標對象是不熟悉裝置或網際網路的人，就可以發現意料之外的問題，像是：「沒聽過 URL 這個字」、「不知道藍字附底線代表的意思就是連結」等。如果找與網站設計或建置有關的專家，就算想扮演這種使用者，也有極限吧！

目標使用者若是藥劑師、投資者等具備專業知識的人，或是兒童、外國人時，也是一樣的情形。

◇ 專家評估的執行步驟

在執行專家評估時，如果是像你這種有設計經驗者，請將網站使用的背景深刻印在腦海，化身成人物誌描述的對象，實際執行任務。

把可能不會按照操作腳本使用的地方、會使用卻可能困惑的地方、使用沒有問題但可能出現不滿的地方，全都記錄下來。這些將成為易用性方面的問題。

將網頁印出來貼在窗戶玻璃上評估的範例

此外，執行評估時，建議先將出現在操作腳本中的網頁列印出來排好。可以使用便利貼，把找到的問題貼上去，就會很方便評估（特別是有多人分析結果時）。後續分析出問題的原因之後，再把原因貼在問題的旁邊，就可以同時看見發生問題的地方、問題、原因。

如此一來，就可以找到易用性上的問題。

2-6　各式各樣方便的易用性評估方法

除了到目前為止說明過的易用性測試及認知演練，還有其他易用性評估方法。以下要介紹能做定量分析的方法，以及可以評估類別設計的分類與等級的方法。

◇ 能做定量分析的方法

在定量評估易用性的方法中，包含了由 U'eyes Novas（股）公司（現：U'eyes Design）開發的「NEM」方法。「NEM」是「Novice Expert ratio Method」的縮寫，這是比較初學者（初次使用者）與熟練者（設計者等對目標網站瞭若指掌的人）在執行相同任務時，需要花費的時間，從中發現問題的方法。

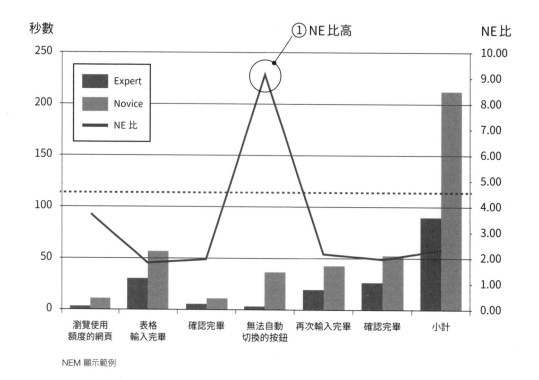

NEM 顯示範例

把執行任務時的操作順序分成幾個步驟,測量各個步驟所需要的時間,並顯示 NE 比(N:初學者所需時間 ÷ E:熟練者所需時間)。

假設熟練者花 1 分鐘可以完成任務,而初學者要 5 分鐘,NE 比就是 5.0。利用 NE 比來比較多個任務,尋找哪裡可能有嚴重問題,設定臨界值(例如 NE 比 4.5 以上就要改善),就能找出改善點。

必須注意的是,為了測量時間,所以無法使用放聲思考法。此外,想以多位使用者的平均值來評估時,可能會因為部分速度過快或過慢的使用者,而影響到整體結果。實際上,某間金融企業發生過以 NEM 方法評估手機版網站時,出現異常快速的初學者,使得 NE 比變成 1.0 的情況。假如有比其他使用者的速度快或慢太多的使用者,建議先排除該使用者的測量值,再計算平均值。

> **MEMO**
>
> 易用性評估是非常定性的評估方法,但是我們卻在很多情況下,希望看到的是定量結果。承接專案的企業,在向客戶提出報告時,也會被要求顯示定量結果,而且比起發現個別問題,有時客戶更希望綜合性地檢視整個完成報告。此時,NEM 方法就可以派上用場。

◇ 類別設計的評估方法（卡片分類法）

　　卡片分類法（Card Sorting）是一種分類資料的方法，可以用來評估網站設計。執行方式是將寫上內容名稱的多張卡片，放在有著分類名稱的卡片附近，再依類別來分類內容。

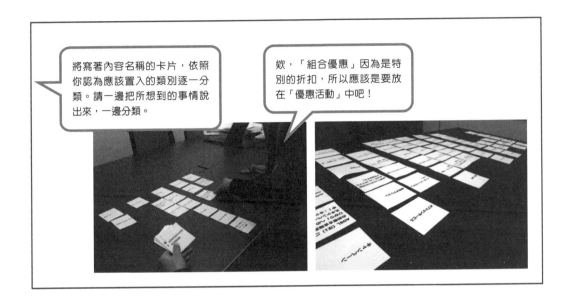

　　執行卡片分類法的人，要先思考內容屬於哪一類，再加以分類。思考內容位於哪個類別時，和造訪網站時，從列出的類別名稱中推測可能可以找到目標內容的步驟，是一樣的。此外，內容如何分類，等同於資料設計。換句話說，利用卡片分類法，可以瞭解使用者所想的分類與網站原本的資料設計是否有落差，如果有，就分析原因為何，藉此評估資料（類別設計）。

　　卡片分類法可依照以下步驟來進行。

1. 請對方依照類別，將寫著內容名稱的卡片分類。

2. 針對過程中注意到的事項，進行事後訪談。

3. 分析網站的資料設計與使用者的推論有落差（或沒有）嗎？探討是因為何種原因產生落差。

　　若要找出產生落差的因素，就得瞭解使用者分類時的「原因」。因此，必須請使用者在進行卡片分類法時，把腦中想到的事情說出口（執行放聲思考法）。

　　此外，與整個類別分類有關的問題，有時可能一定要在大致完成分類之後才能發現，所以請在事後訪談時再詢問使用者，別在進行卡片分類法時就提出問題。

　　使用者就算依照資料設計把內容分類好，他對分類的想法也可能與資料設計的用意不同，所以除了事後訪談，也一定要請使用者在分類卡片時，執行放聲思考法。

◆ 其實調查時也會用到卡片分類法

卡片分類法就是「資料設計的易用性評估」，不過事實上，卡片分類法不僅可以評估事物，也可以用來調查使用者的思考模式。運用卡片分類法來調查，可以瞭解使用者如何分類、辨識資料。這是以開放式卡片分類法來進行。請參考下圖：

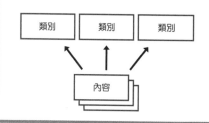

封閉式卡片分類法

準備類別，由使用者來分類內容。評估使用者能否輕易瞭解設計出來的分類或等級，出現疑問或錯誤的地方在哪裡，原因為何。

類別　類別　類別

內容

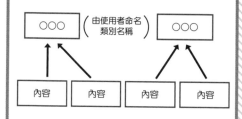

開放式卡片分類法

不先準備類別，由使用者一邊分類、一邊寫上類別名稱。瞭解使用者是如何分類來掌握目標物品或服務。

○○○　（由使用者命名）類別名稱　○○○

內容　內容　內容　內容

我想在設計資料時，常會為資料的分類方法及類別名稱而煩惱。遇到這種情況，請先運用開放式卡片分類法對幾名使用者做調查，應該可以獲得許多發現或提示，請務必試看看。

設計的心理學：
人性化的產品設計如何改變世界（3 版）

作者：唐納・諾曼
翻譯：陳宜秀
出版社：遠流（2014 年）
ISBN：9789573274582

創造機會運用在工作上的方法

偷偷練習	試著運用在部分工作上	邀請客戶加入
★	★	★

如何開始「偷偷練習」?

　　我想，一般在製作網頁的工作現場，以編碼、視覺設計等接近最終完成階段的工作較多，而規劃內容及相關調查等前端工作較少。因此，接近完成階段的易用性評估對於網頁製作人而言，很容易「偷偷練習」。

　　事實上，我們在一般公司內部推廣 UX 設計教育時，發現與其依照 UX 設計流程，從調查開始教起，倒不如從易用性評估著手，比較容易理解。請別想得太難，試著輕鬆練習，我想應該可以立刻掌握訣竅。

如何「試著運用在部分工作上」?

　　易用性評估可以當作設計總監或設計師日常工作中的替代手段。

　　例如在接到客戶委託、執行網站評估時，請試著思考該目的與範圍。我想客戶通常會要求進行「啟發式評估」。假如必須針對特定的轉換行為做評估時，比起涵蓋性評估網站的啟發式評估，設定任務與目標的易用性測試或認知演練會更適合。

　　如果是做認知演練，就不用找受測者，也比較容易取得公司內部的認同。

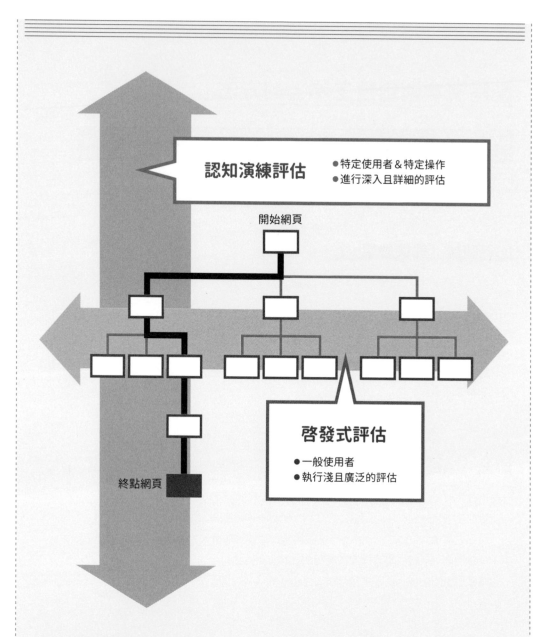

認知演練評估
- 特定使用者＆特定操作
- 進行深入且詳細的評估

開始網頁

啓發式評估
- 一般使用者
- 執行淺且廣泛的評估

終點網頁

如何「邀請客戶加入」？

執行易用性評估之後，實際的使用者可能因為不瞭解網站的用法，而會緊張流汗，或針對網站的某個部分，毫不留情地碎碎念。結果會很容易瞭解，也能輕易得到客戶的關注，順利推廣到實務上。

假如客戶要求的是網站的改善提案，就是邀請客戶加入的絕佳機會。在公司內部找來受測者做易用性測試，請將受測者實際感到困惑的影片播放給客戶看。若客戶對受測者的評估結果感到關心，請試著向對方提議「這是提案用的模擬結果，似乎可以發現許多問題，所以請讓我們執行真正的評估。」

介紹易用性評估的案例

實際在工作現場執行易用性評估時，必須配合專案進行各種調整，妥善掌控費用、期間、效果的比例。以下要介紹把費用與期間控制得較為精簡的「輕量級」案例，以及費用與期間較龐大的「重量級」案例。

【輕量級】易用性評估的案例與流程

〈專案資料〉

期間	全部人力	編制
1週	4人日	UX 設計師 × 3名 總監 × 1名 製作人 × 1名

〈目的〉

提高設置在門市，一般顧客使用的平板電腦 App 易用性。驗證在線框圖（Wireframe）階段的易用性評估問題，是否已經利用後續的線框圖修正與設計、編碼解決了？（在線框圖階段做易用性評估的方法，將在下一章說明）。

〈流程〉

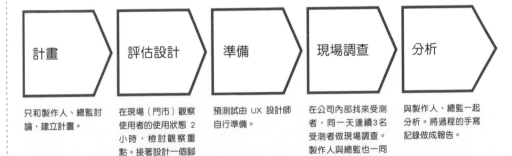

計畫
只和製作人、總監討論，建立計畫。

評估設計
在現場（門市）觀察使用者的使用狀態 2 小時，檢討觀察重點。接著設計一個腳本／一個任務。

準備
預測試由 UX 設計師自行準備。

現場調查
在公司內部找來受測者，同一天連續3名受測者做現場調查。製作人與總監也一同參與。

分析
與製作人、總監一起分析。將過程的手寫記錄做成報告。

〈重點〉

由於幾乎很難爭取到做易用性評估用的預算與期間，所以透過與製作人、總監一起討論，在短時間內完成計畫與評估設計，邀請客戶參與現場調查，節省分享現場調查內容的時間，並且簡化報告格式。

「重量級」易用性評估案例與流程

〈專案資料〉

期間	全部人力	編制
3週	30人日	UX 設計師 × 4名 總監 × 1名 製作人 × 1名

〈目的〉

針對消費金融的使用者，要提高會員網頁的易用性。驗證智慧型手機的 UI 對人物誌而言是否妥當，有哪些問題必須改善。

〈流程〉

計畫 ▶ 評估設計 ▶ 準備 ▶ 現場調查 ▶ 分析

根據現有的調查資料，建立人物誌／腳本，執行數次客戶審查。根據腳本，一併建立分鏡表（Storyboard）。

根據人物誌／腳本，4位 UX 設計師把各自的評估設計案集中在一起，互相審查，進行改善。針對4個腳本設定4個任務。在受測者評估之前，執行專家評估，提高評估設計的精準度。

在現場調查會場的另一個房間內，邀請客戶參與觀摩，並執行預測試。

從市調公司的會員中找來接近人物誌條件的5位受測者，執行現場調查。在現場調查的其他房間，向來觀摩的客戶播放即時影片（操作畫面＋操作模樣）與聲音，並且錄影。

整理上述結果並包含以NEM方法（參考2-5節）完成的定量分析，製作成50頁左右的報告。

〈重點〉

目標使用者是消費金融的運用者，專案成員很難想像包含使用者心理狀態在內的網站使用狀態，因此大量輸入與使用者有關的調查資料。製作、評估4個腳本，針對使用者的各種使用機會做易用性評估與改善，努力提高成果。

3章

製作概略的原型，反覆試用、評估、改善，可快速獲得更優質的結果。

利用製作原型修正設計

製作原型 (Prototyping) 的目的，是用來評估、改善從 UI 到產品或服務概念等範圍廣泛的對象。原型的製作時機與製作結果，會依各個對象產生截然不同的變化。本章要介紹的是，常用於網站設計過程中，在設計及製作階段中製作的原型。

written by 村上 竜介 (IMJ Corporation)

何謂製作原型？

反覆試作、評估、改善的「製作原型」

　製作原型是指，在完成產品或服務的完成版之前，先製作出原型（試作品）來評估與改善。就算是乍看之下與完成版差異極大的原型，在實際製作之後，仍能瞭解非常多的事情，尤其在講求精細品質的專案中，一定要先製作原型。

以原型模擬操作的範例圖

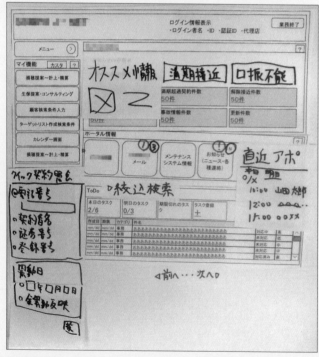

紙原型的範例

將製作原型運用在工作中

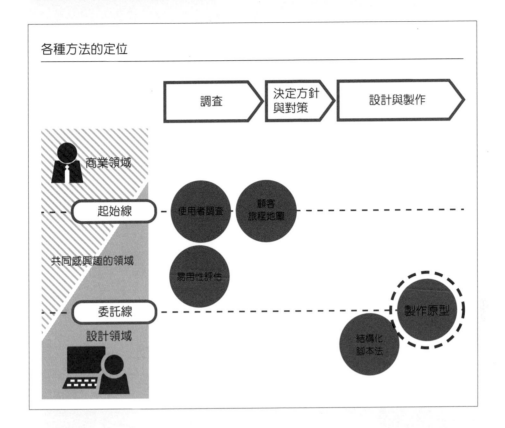

各種方法的定位

調查　決定方針與對策　設計與製作

商業領域
起始線
共同感興趣的領域
委託線
設計領域

使用者調查　顧客旅程地圖
易用性評估
製作原型
結構化腳本法

　　製作原型屬於設計、製作階段的工作，是位於「委託線」上，在每個專案中，將製作原型應用在工作上的難度各不相同（詳細說明將整理在本章的後半部分）。若能讓客戶對設計產生強烈興趣，或是設計好壞將會嚴重影響成果的專案，加入製作原型這個環節會比較容易獲得理解與認同，所以一定要積極地向客戶提議製作原型。此外，若是涉及設計團隊經驗不足的領域，有時也會小規模地製作原型，以確保設計品質。

〈運用在工作上的難度〉

偷偷練習	試著運用在部分工作上	邀請客戶加入
★★	★★	★★★ （★★★★）

3-1 製作原型的種類

前面提過，製作原型是針對非常廣泛的範圍來實施。因此，請先大致瀏覽包含哪些部分。

製作原型時可以一邊試作一邊執行，而且效果非常好，所以也會用來測試前端的產品或服務概念，而且在網頁製作現場，也越來越常用原型來評估、改善 UI 資料設計，或製作人機介面互動設計。

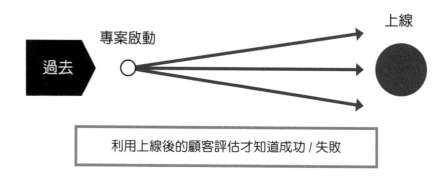

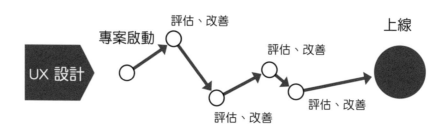

最近在智慧型手機上，常用精緻的動畫來切換畫面或表現滑動，這類操作回饋的重要性與日俱增。所以希望在設計時能實際顯示動態、在 UI 設計中加入調整的案例，今後應該會愈來愈多。

製作原型這個方法其實可以廣泛運用在各個領域，而本章是把重點擺在利用網站的資料設計來製作原型。因為網站製作過程中，越到後面越難回頭修改資料設計的基本架構，所以製作原型格外重要。

製作原型的方法在不同階段會有差異

① 產品或服務的概念、企劃及建立專案

尚未出現具體的事物

概念測試、
分鏡表、
MVP 等

② 資料設計、
主要畫面流程、
功能設計等

製作主要架構

製作紙原型、
執行「綠野仙蹤」手法等

這次是這裡

③ 視覺設計、互動

畫面內的元素大致底定，
製作裝飾

易用性測試等

① 是屬於 UX 設計的高級篇。而 ③ 與其說是 UX 設計，其實更接近互動設計，只要善用製作原型工具，或妥善安排製作時間，就可以解決，有機會再說明。

MEMO

有時為了現場比稿，還會製作動態視覺稿 (Mockup)。這是在完成版之前製作出類似本尊的物體，與原型類似。但是動態視覺稿 (Mockup) 的製作目的與製作時機截然不同。比稿用的視覺稿，目的是「傳達令人印象深刻的提案內容」，讓提案的核心看起來更吸引人；但是從快速評估、改善的觀點而言，這種外觀好壞，有時反而會變成一種阻礙。更何況，動態視覺稿是在開始執行專案前自行製作的模擬結果，其規格可能與客戶要求的有極大落差。儘管有時也會沿用到產品上，或使用在製作原型上，但是請先當作是不一樣的東西。

3-2 評估線框圖

現在有許多場合會用「線框圖 (Wireframe)」來呈現資料設計,以便與設計團隊或客戶進行溝通。儘管使用製作原型工具的情況愈來愈多,但是仍有不少使用 PowerPoint 或 Excel 製作的情況。我們該如何評估和改善這個部分呢?

◇ 對正在設計的線框圖做易用性評估

一般而言,易用性評估是針對成為受測者的使用者可以操作的部分 (例如可以連結的網站) 來做。但如果是仍在設計中的網站,當然沒有 HTML 網頁可以測試。其實在這個階段,仍可以利用以 PowerPoint 或 Excel 製作的線框來做易用性評估,我們把這種手法稱作「綠野仙蹤」。

◇ 綠野仙蹤的作法

「綠野仙蹤」的執行現況。在成為受測者的使用者面前,放置當作瀏覽器視窗的紙張

「綠野仙蹤」的作法非常簡單。針對受測者的行動 (點擊等),把原本在瀏覽器上切換網頁的互動,取代成由扮演瀏覽器的人來移動列印在紙上的線框圖。使用者把平面的線框圖當作網站的畫面,手指當作滑鼠游標,同樣模擬執行網站操作。使用者點擊連結之後,扮演瀏覽器的人要將紙張抽換成連結目標的網頁;使用者點擊下拉式選單後,扮演瀏覽器的人要開啟下拉式選單。

或許你會覺得這很像角色扮演遊戲。的確，乍看之下，大家都已經是成年人了還一邊工作一邊玩，但神奇的是，即使如此，受測者卻立刻就習慣把平面線框圖當作網頁畫面，依照實際使用狀況來執行任務，令人覺得很驚喜（人類的適應力真驚人）。

此外，設計者在製作這張紙原型 (線框圖) 的過程中，由於要手眼並用，因此可能會發現過猶不及或矛盾之處，甚至想到更好的點子。

若從這個過程中發現到問題，即可思考改善方案並修改線框圖。有些必須嚴謹製作評估報告的情況則另當別論，但是當明確釐清了專案中的問題與解決對策時，有時也會在受測者全部完成測試之前，就先修改線框圖。

MEMO

在開發過程中，愈早階段開始做易用性評估，成本效益愈好。但你有沒有遇過，明明連 HTML 編碼都完成了，卻得回到線框圖修改的情況？若考量到成本問題，我想你應該可以瞭解，若能在初期階段先把問題解決，效果比較好。

修改線框圖是屬於執行視覺設計之前的部分，所以在視覺設計之後才提出修改線框圖，或編碼後才說要修改線框圖，都可能被指責。但是也可能會因為有注意到問題，而能做設計或編碼的情況。此外，因為線框圖很簡單，所以能注意到視覺設計完成後無法發現的問題。

綠野仙蹤手法

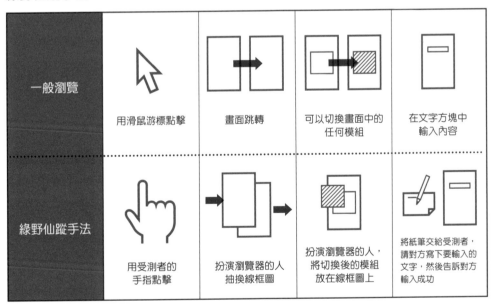

一般瀏覽	用滑鼠游標點擊	畫面跳轉	可以切換畫面中的任何模組	在文字方塊中輸入內容
綠野仙蹤手法	用受測者的手指點擊	扮演瀏覽器的人抽換線框圖	扮演瀏覽器的人，將切換後的模組放在線框圖上	將紙筆交給受測者，請對方寫下要輸入的文字，然後告訴對方輸入成功

綠野仙蹤手法的操作，是用紙和手來模擬與一般瀏覽網頁時同樣的互動

3-3　製作紙原型

前面說明在設計過程中，就算只用 PowerPoint 或 Excel 製作的線框圖，也可以用「綠野仙蹤」手法做易用性評估並加以改善。不過以下要介紹比設計線框圖更早一步的評估及改善方法。

◇ 何謂製作紙原型

製作紙原型 (Paper Prototyping)，就是用紙製作的原型 (Paper Prototype) 來做評估與改善。

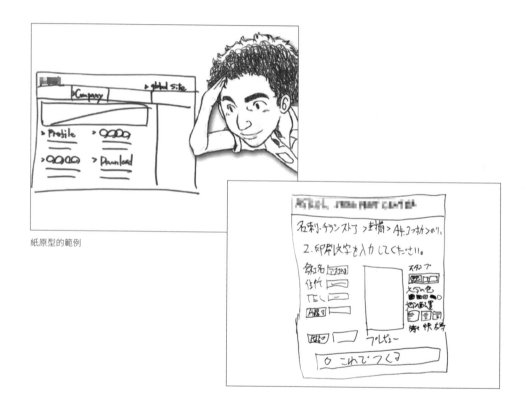

紙原型的範例

上圖是為了確認需要哪些網頁，而製作出比較抽象的紙原型範例。具體的文字要寫上畫面跳轉時所需要的最低限度元素。此外，如左圖所示，也要畫出使用者檢視網頁的情境。

◇ 為何要用紙製作？

由於紙原型只要用手寫在紙上就可以完成，不需要依賴軟體或程式語言的知識或技巧，任何人都可以快速製作及修改。因此，很適合在企劃或設計的初期階段，召集相關人員，反覆進行評估與改善。

如果發現應該修改的地方，只要在紙原型上貼便利貼來調整，或折疊隱藏即可。

修正紙原型。左邊為修改前，右邊是修改後。透過折疊隱藏首頁的導覽列，並在畫面右側的紅酒瓶上貼便利貼，更改成標語。

　　透過紙原型，在會議上提出的各種改善方案，可以立刻在會議室內反映出來。如此一來。該提案將是何種狀態？是否適合？都可以一目瞭然。

　　另外，紙原型是以眼睛可見的方式呈現，也具有容易想出其他點子的優點。換句話說，在檢討改善的會議中，可以一邊與相關人員建立共識，一邊反覆改善版本，而且由多名成員提出創意，比較容易得到相輔相成的效果。這種清楚、快速、可以達到相輔相成的效果，正是製作紙原型最大的優勢

◇ 如何製作紙原型

透過以下流程，即可製作紙原型。

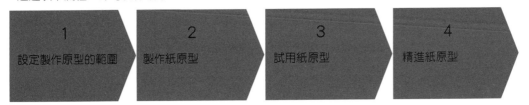

①設定製作原型的範圍

　　配合製作原型的目的，分析需要繪製的網頁及記載於原型的資料抽象度。例如，在設計初期，只製作最重要的轉換路徑，記載資料也以輔助該動線的最低限度內容為主。不要畫出多餘部分，讓轉換流程更明確，也能在短時間內重做。

　　雖說多餘部分不要畫出，但在繪製時也必須在畫面上嵌入各種 Hook（譯註：Hook 直譯為鉤子，是指嵌入在網頁中、可觸發執行事件的語法機制），以便之後將原型再利用或推薦給其他人使用。

②製作紙原型

　將需要的網頁製作成紙原型。不論是用手寫，還是使用電腦軟體做都可以。但是，剛開始時建議用手寫方式。手寫可以在短時間內完成，而且要將製作出來的提案丟棄時，壓力也比較小，能不斷反覆進行試作與改善。

③試用紙原型

　把要確認及改善創意的相關成員集合在會議室內，試用紙原型。請各個成員把自己當作使用者，「試用」原型。請不要光「看」，而是要「試用」。

試用的情境。評估者把手指當作滑鼠游標使用中

　具體而言，請依照以下流程來進行。

1. 製作在轉換動線上的畫面原型。

2. 依照使用者的操作順序排列原型。

3. 針對目標使用者的屬性、需求、使用服務的背景等使用狀況，瀏覽並複習人物誌／腳本等。

4. 以成為目標使用者的想法，檢視成為使用服務契機的情境，確定狀況，試用從到達網頁至轉換網頁的原型。試用原型時，以手指取代滑鼠點選或鍵盤輸入，用鉛筆寫上輸入文字，陸續使用各服務。

5. 一邊使用原型，一邊記錄注意到的問題。此時，除了缺點之外，優點與想法也是寶貴的發現，請都先記錄下來。

6. 改善。

透過試用，思考使用者能不能感受到價值？願不願意使用？怎麼做才能變得更好等等。若完成似乎不錯的修正案，也要當場反映在原型上，並且立即再次試用，如 P.69 的圖「修正紙原型」。

◇ 製作紙原型需要的工具

要製作網站的紙原型，只要有筆、紙、剪刀、膠水等 4 種物品就可以進行。但是，因為紙原型可能要反覆撕貼，且最好能聯想到實際以目標裝置檢視時的可視區域，所以現場必須準備幾種標準工具。以下就介紹適合製作紙原型的工具。

便利貼	用來描繪物件。可以撕貼，能輕易更換或移動物件。 建議別用多色，只用單色就好，並先準備好幾種尺寸，以便使用。
影印紙	用來當作貼上物件的底紙，或用來繪製比手邊便利貼更大的物件。 考量到方便手繪，要能讓多位成員一邊檢視原型一邊輕鬆討論，最好準備比實際尺寸還大的紙張。手機版網站準備 B5 尺寸，電腦版網站準備 B4 尺寸，會比較方便。
可撕式黏膠	用來把繪製在影印紙上的物件貼在底稿上或是取下。使用口紅膠、立可帶、噴霧式膠水都可以。如果沒有，也可以用透明膠帶取代，但最好使用撕下時不會傷害底稿的紙膠帶。
筆	用來描繪物件或書寫文字。 最好選擇簽字筆，因為筆芯較粗，可以寫出清楚的文字。
剪刀	用來將影印紙或便利貼裁剪成適合的大小。
厚紙	用來繪製瀏覽網站時的裝置或瀏覽器。請選擇在可視部分打洞時也不會垮掉的厚紙。

製作紙原型時常用的工具

3-4 製作原型時的注意事項

習慣製作原型之後，有個大家常犯的注意事項，就是「過度製作」。尤其是有視覺設計經驗的人，請牢記這點。過度製作會帶來各種弊病。

浪費資源	過度仔細製作外觀元素，浪費寶貴時間與人力。
評估及改善速度緩慢	連外觀的修正或修改都要干涉，拖慢評估及改善原型的速度，而減少製作原型的次數。
因不必要的話題使生產力降低	評估對象的原型製作得過於漂亮，就會混入對外觀的評論，而減少對腳本或資料設計的評論。若包含客戶在內的專案成員，只熱衷討論外觀，將會陷入目前不必要討論的話題，浪費時間。

原型要以製作出最低限度的精緻度與功能為目標，在召集了專案成員，製作原型的場合，最好先在白板上寫出討論重點，努力讓參與者不會迷失焦點。究竟何種程度是製作的最低限度，請試著先執行 1～2 次來掌握。

話雖如此，評估原型時，也可能會想到與原本目的不相干卻有用的點子。既然是難得想到的點子，請先寫在白板上。這樣做的優點是，不僅可以在其他場合再次運用這個點子，而且具體提出點子，會比較容易集中精神在原本討論的話題上。

3-5 製作原型的工具

近年來，推出了各式各樣製作原型的工具，而且進步神速。不僅有可以快速修改導覽列等共通元素的工具，而且也有像智慧型手機等畫面元素簡單的裝置，用這些工具製作原型，可能比紙筆更快速。此外，也有利於輕易將原型轉換成易用性評估。

但是，我們必須注意到，這些工具方便而且表現力強，往往容易連外觀都設計得過度精緻。我們只需要讓製作中的物件更容易瞭解、令人印象深刻的模型。如果要製作進行評估及改善用的原型，建議要刻意抑制過度製作的念頭。

以下要介紹製作原型的工具「inVISION」。inVISION 可以匯入以 Photoshop 等設計軟體製作的檔案，也能反映原始碼的更新狀態。還能匯入手繪的原型。

在軟體中用矩形框選，可輕鬆設定連到其他網頁的連結。還能設定點擊與移入、移出的動作。

利用留言功能，可以在任何地方保留專案成員的回饋。

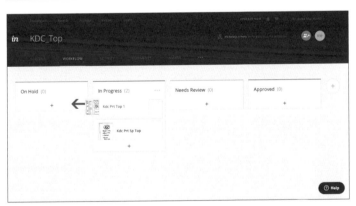

還提供管理各個畫面狀態的功能。

具備易用性測試功能，可以一邊將表情或發話錄影、錄音，一邊記錄畫面。

inVISION https://www.invisionapp.com/
提供匯入 Photoshop 的檔案或手繪原型，輕鬆設定連結等動作、執行易用性測試等免費方案

創造機會運用在工作上的方法

偷偷練習	試著運用在部分工作上	邀請客戶加入
★★	★★	★★★ （★★★★）

如何開始「偷偷練習」？

　　如果你是負責繪製線框稿等設計工作的人，應該比較容易接觸到製作紙原型的工作。但是，如果獨自一人製作紙原型，你可能會覺得這只不過是把以前的作法變成平面，反而增加不必要的工作。請你一定要親自體會，與多名成員一起，用手觸摸畫面元素，逐步調整設計的效果。

如何「試著運用在部分工作上」？

　　製作原型跨越了「委託線」，反之我們也可以說，不用獲得商業端（客戶等）的同意，可當作設計的一環，視為製作端的工作來自行處理。透過偷偷練習，學會手法，大致體會花費的人力與時間後，在知道不會影響整個專案時程與成本的情況下，就快速進行吧！

　　乍看之下，製作原型似乎會增加額外的工作。可是，只要不花費招募受測者的費用，就不會增加外在成本，而且執行之後，通常會減少後續的修改工作。因此就經驗來看，通常整體仍會收支平衡。

如何「邀請客戶加入」？

　　商業端（客戶等）往往對製作原型不感興趣，但是如果原型必須大規模實施或花費成本時，仍得當作專案，取得客戶的許可。容易取得客戶許可的情況，當然是商業端對設計非常感興趣或涉入程度較深時（例如，必須說明設計論點的詳細原因，或對商業成果很敏感等）。

　　相對來說，就算商業端對設計的涉入程度低，但若是製作之後修改十分麻煩、或設計對商業影響強大（例如無法代替的業務用系統或使用者非常多的網站）、或十分創新、或設計團隊不熟悉（例如新服務）等情況，即使規模有大有小，仍希望盡可能先製作原型。

製作原型的「案例介紹」

本章一開始曾說明過，製作原型的對象及作法非常廣泛且種類眾多。以下要介紹的是沒有足夠的時間，在短期內製作原型的「輕量級」案例，以及有較多時間製作原型的「重量級」案例。

【輕量級】製作原型的案例與流程

〈專案資料〉

期間	全部人力	編制
0.5 週	3 人日	UX 設計師 × 1 名 總監 × 1 名

〈目的〉

想要驗證隨選列印服務的輸入UI 設計是否妥善。可是，因為試作與評估的關係，原本的時程已經很吃緊，也無法再延長。由於會影響系統修改，所以製作線框圖之前，必須確定畫面跳轉部分。因此畫面跳轉（步驟）與操作畫面（操作 UI）兩者一定要進行試作、評估、改善。

〈流程〉

設定製作原型的範圍 ▸ 製作原型 ▸ 試用原型 ▸ 改善原型

影響畫面跳轉階段的動態網頁，範圍只設定兩頁。為了驗證步驟，以設計畫面跳轉階段來製作原型。在線框稿設計階段也製作原型，以驗證操作 UI。

在畫面跳轉階段，製作各畫面的概略原型。在線框稿階段，則製作各畫面的詳細原型。

在畫面跳轉階段及線框稿階段分別做受測者評估。評估時，除了UX設計師，總監、製作人、客戶也要參與觀摩。

UX設計師與總監要當場分析問題的原因，並同時改善原型。

一邊採用受測者評估，一邊製作原型，完全不影響時程，盡量控制工作天數。擁有豐富網站設計經驗的UX 設計師與總監搭檔，進行設計、評估、改善，可以縮短設計期間，關於人物誌／腳本、任務等的詳細設定，當時客戶全權交給我們 IMJ 負責，以減少各個階段檢討、回饋花費的時間。

【重量級】製作原型的案例與流程

〈專案資料〉

期間	全部人力	編制
2 週	15 人日	UX 設計師 × 1 名 總監 × 2 名 製作人 × 1 名

〈目的〉

改善某高爾夫球場預約網站中「從地圖搜尋」的 UI，驗證設計物的易用性。

〈流程〉

設定製作原型的範圍	製作原型	試用原型	改善原型
範圍是從地圖搜尋首頁到清楚瞭解前往高爾夫球場的方法（開車接朋友，前往高爾夫球場的路線）。	製作包含地圖上各種操作模組的紙原型。	請3名受測者進行評估。以UX設計師與總監為主來執行評估。	把從評估結果得知的問題與改善方案製作成報告，與客戶一起精進與改善。

〈重點〉

如果搜尋系統尚未完成，就不易評估搜尋系統的易用性，但是仍得大致進行評估與改善。我們不可能光用紙模型就準備好所有的搜尋結果，所以要限制評估動線，針對該部分準備幾種類型的搜尋結果以及跳出式模組，就可以進行評估。

4章

階段性思考看似繞遠路，其實才是到達目標的捷徑

用腳本連結人物誌與畫面

上一章學會了透過製作原型，對線框圖加以評估與改善的方法。
完成線框圖後，如果要執行畫面設計，首先必須鎖定是何種使用
者會使用網站，設定人物誌，並思考對該人物而言，這個網站的
操作流程（腳本）。本章要學習的是「結構化腳本法」，這是用來
描述「網站應有狀態」的方法。

written by 佐藤 哲（IMJ Corporation）

何謂結構化腳本法？

結構化腳本的特色，就是把使用者的「本質欲望」＝「需求」定義為使用者的「價值」，分 3 個階段來思考滿足該價值的腳本。

．．．

「結構化腳本法」是日本人因工程學會 (Japan Ergonomics Society) 中的 ERGO DESIGN 部會所開發出來的方法，又稱為「願景提案型設計」方法。這種方法並不是列出「現狀」、思考解決問題的腳本，而是適合為了描述出理想的「應有狀態」，而提出前所未有的新網站或產品、服務的企劃提案。

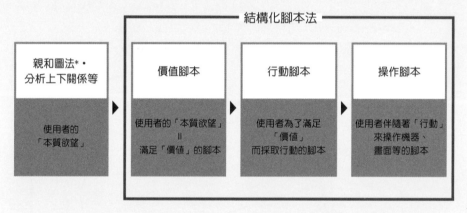

使用者以滿足欲望或需求為目標，而採取行動，進行操作。如果使用者滿足了欲望或需求，就將其視為「價值」。
* 關於「親和圖法」，將在 5-5 詳細說明。

正式的結構化腳本法，除了使用者的「價值」之外，也會將企業的商業需求或產品、服務具備的「價值」加入到腳本中，這樣對於企業而言，也能產生容易實現的腳本，但對於初學者來說，難度較高，故本書中省略不談。

此外，在結構化腳本法中，原本 3 個階段的腳本名稱如下所示，是以英文定義的，而本書為了方便說明，改以中文描述。

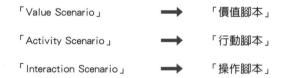

想要瞭解結構化腳本法的讀者，請務必閱讀右圖這本書 (書名暫譯：EXPERIENCE VISION：凝視使用者並規劃出令人開心的體驗 願景提案型設計方法)。本書的作者群也大大參考了這本書。

EXPERIENCE VISION
ユーザーを見つめてうれしい体験を企画するビジョン提案型デザイン手法
著者：山崎和彦、上田義弘、髙橋克実、早川誠二、郷健太郎、柳田宏治
出版社：丸善出版 (2012年)　ISBN：978-4621085653

價值腳本	主題	「全新美髮產品的服務及網站提案」

使用者的本質欲望	價值腳本	情境
希望不受氣候影響，隨時都能維持自己能接受的髮型。	不論天氣如何，希望隨時都能維持自己能接受的髮型。	睡前保養頭髮 早晨，吹頭髮並整理造型 通勤中很在意髮型 在辦公室與同事共事 下班後也很在意髮型

使用者的特色
獨居的單身女性（上班族、29 歲） 每到雨天頭髮就不柔順，嚴重捲翹，所以每次下雨就會有「自己不好看」的複雜情緒。 對與頭髮保養有關的訊息極為敏銳，雖然很在意別人的評價，但是自己能不能認同，比什麼都重要。

從人物誌中找出使用者的本質欲望，導出使用者的價值

年　　月　　日

行動腳本	主題	「全新美髮產品的服務及網站提案」

使用者的目標	行動腳本	任務
可以維持自己能接受的髮型。	今天也是雨天，從起床的那一刻起，頭髮就毛躁亂翹，實在很討厭，覺得憂鬱。因為不管早上怎麼吹，等我到了公司就無法維持在家整理好的狀態。	早晨用吹風機吹頭髮 搭電車通勤

情境		
早晨，吹頭髮並整理造型 通勤中很在意髮型	在這種日子通勤時，我會在離公司最近的車站，找到可以使用吹風機或電捲棒整理頭髮的地方。看裡面，發現有隔間，不會被別人看到。 今天上班前時間充裕，這裡只要登記，即可免費使用，所以我試著登記。 這裡有提供髮妝水等樣品可以試用。試用之後，再用吹風機吹過，覺得頭髮比平常飄逸，心情變得很好。這樣就算是下雨天也不怕，可以補妝同時整理髮型，非常有幫助！	從智慧型手機 App 中，可登記免費使用 將登錄畫面給管理人看，即可進入使用空間 可在空間內整理髮型 可利用樣品重新補妝

選擇價值腳本中的情境，具體化寫成行動腳本

4 章 ▼ 用腳本連結人物誌與畫面

操作腳本	主題	「全新美髮產品的服務及網站提案」

使用者的目標	操作腳本
可以維持自己能接受的髮型。	① 瀏覽免費使用登記的說明看板，瞭解需要使用專用的 App 才能登錄（免費）。 ↓ ② 由於看板上有 QR Code，所以用智慧型手機讀取，下載 App。 ↓ ③ 可以連結社群媒體的 ID 來登錄 App 的新會員，所以只要按下「以 Facebook ID 登錄」鈕即可，非常簡單就完成登錄。 ↓ ④ 確認 App 中可透過 GPS 自動顯示目前無人使用的空間。 ↓ ⑤ 在 App 中按搜尋鈕，搜尋當天可立即使用的空間。 ↓ ⑥ 在 App 的搜尋結果畫面中發現空的位置，立刻按鈕登記使用。 ↓ ⑦ 在 App 中顯示可以使用的登錄畫面。 ↓ ⑧ 看到「請將畫面交給櫃台管理人員檢視」的訊息。 ↓ ⑨ 將 App 的使用登錄畫面給櫃台管理人員看，進入使用空間。

任務

從智慧型手機 App 畫面中，
可執行登記免費使用

將登錄畫面顯示給管理人員，
即可進入使用空間

挑選行動腳本的任務，仔細推敲出詳細操作的腳本

價值、行動、操作等各個腳本，將在專用範本中描述（請參考 4-7）。

可發揮在工作上的結構化腳本法

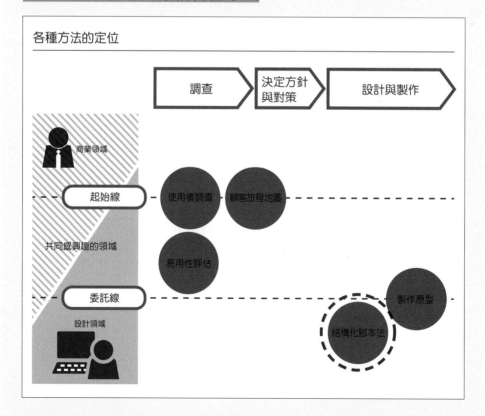

各種方法的定位

調查　決定方針與對策　設計與製作

商業領域
起始線　使用者調查　顧客旅程地圖
共同感興趣的領域　易用性評估
委託線　製作原型　結構化腳本法
設計領域

結構化腳本法是在畫面設計的準備階段使用的方法，因此我們放在設計、製作階段的「委託線」下方。客戶通常會認為這是製作端的工作，負責人員請把確認完成的線框圖當作是份內工作。

事先向客戶的負責人員說明，開始製作網站的線框圖之前，最好先用文章形式整理、確認使用者的使用腳本，後續的畫面設計才能順利進行，這樣比較容易加入專案中。

〈 發揮在工作上的難度 〉 ·····································

偷偷練習	試著運用在部分工作上	邀請客戶加入
★★	★★★	★★★★

我想，具備網站等資料設計經驗的人，在開始設計畫面之前，腦中應該會浮現出「使用者有這種目的，在這種情況下，應該需要這種畫面吧！」這樣的腳本。只要花時間，把這個部分重新用文章寫出來，就算是初學者，應該也能做到「試著把腳本運用在部分工作上」的階段。

如果要和客戶一起執行結構化腳本法，對初學者而言我想有些困難。建議反覆練習，累積經驗，當你連親和圖法（請參考 5-5）也能運用自如時，再從小型專案開始執行。

4-1 人物誌能告訴我們使用者的觀點

撰寫腳本時要有主角。請以主角形象＝使用者的觀點，想像使用網站的狀況，寫出結構化的腳本。

◇ 成為 UX 設計基礎的人物誌

人物誌是指具體描述使用網站、產品、服務的典型使用者形象。製作人物誌時，要想像出「如果是這個人，看到網站上的這種內容時，會覺得開心吧！」或「這個人應該可以很方便地使用智慧型手機 App 的這個功能。」等使用情境、用法，還有使用者當時的心情。

人物誌通常會與其他方法搭配，沒有人物誌，就無法做 UX 設計。若是少了人物誌，就沒辦法製作網站、產品、服務了，這種說法一點也不為過。

◇ 如何製作人物誌？

人物誌並不是憑空想像的，而是要盡量依事實資料來完成。首先，請找出當作根據的使用者資料。就算承接案子的製作端沒有做調查，也一定有客戶提供的企劃書或調查資料等。

人物誌依據的檔案或資料	可當作人物誌運用的項目
網站企劃書、提案書	通常都會記載年齡、性別、居住地、已婚未婚、職業、收入、家庭成員、生活習慣、所有物、興趣、嗜好、常逛的網站等項目來當作目標對象的屬性
網站的存取分析	在每月的報告中，通常會記載使用網站時是星期幾、時段、頻率、裝置、瀏覽網頁、功能、會員／非會員等資料
市場調查、採訪等調查結果報告（客戶或外部調查公司調查到的資料等）	通常會記載年齡、性別、居住地、職業、收入、家庭成員等人口統計資料（人口統計學）的數字，還有網站、產品、服務的認知途徑、使用的理由、使用頻率、使用期間、使用狀況、使用場所、使用的感想及意見、競爭對手的狀況等。

獲得上述線索後，請先以最低限度的項目建立「簡易人物誌」(假如有預算及時間做定性調查，可以透過市調公司訪談使用者，建立高精準度的人物誌。除此之外，還有以同理心地圖 (Empathy Map) 整理人物誌的手法，詳細說明請參考第 7 章)。

簡易的人物誌作法

簡易人物誌如以下所示，把人物形象的基本資料分成幾個區塊，條列出來。

將簡易人物誌手繪在 A4 紙張上，是最簡單快速的做法。

要一個人獨自完成人物誌也無妨，但是最好與同事、專案成員討論後再製作。快的話，十分鐘左右就可以完成簡易人物誌，不需要花到幾個小時。

◇ 請不要製作這種人物誌

製作人物誌時，有些禁忌需要避免。例如，在客戶端的企劃書中，看到將目標對象定義為 F1 層（這是行銷術語，意指 20 ～34 歲的女性），就在人物誌寫上 20 世代～30 世代前半。然而，所有 20～34 歲的女性其實無法整合成一個人物形象。因此，建議選擇 20～34 歲中使用者最多的年齡。

上面提到的是年齡的例子，其他像是「上班族」、「單身」等描述也無法一概而論。設定人物誌時，還要重視興趣、行為特色等細節。

4-2 　用來避開當事者偏見的結構化腳本

人物誌以達成目的時的欲望或需求為主，建議分成「價值」、「行動」、「操作」3 階段來撰寫腳本，可完成避免陷入企業觀點 (當事者偏見) 的使用者體驗腳本。

◇ 請小心避免以網站經營者角度思考的腳本

與網站企劃開發有關的人員，應該為使用者著想而隨時檢討、思考改善提案。我們用以下這個常見的例子來思考。

例如：關於網站上的諮詢功能

> 我們把諮詢按鈕放大，還改善了輸入格式！

網站經營者

> 真傷腦筋，要問朋友呢？還是打電話問人呢？透過網站提問很麻煩吧？

使用者

網站經營者往往會不自覺地從自己能做的事情開始思考

然而，從使用者的角度來看，網站只是達成目的的手段之一，因此，通常網站經營者提出來的這些改善提案都無法解決根本問題。

◇ 使用者只在意達成目的的事物本質

訪談使用者、詢問與「透過網站進行諮詢」有關的問題後，發現許多意見是「在網站上輸入問題很麻煩，打電話比較快。」假如打電話才是使用者尋求的捷徑，就應該要評估在首頁或各網頁放大顯示諮詢用的電話號碼 (讓打電話聯繫變得更容易)。

可是，如果仔細檢視使用者訪談，也會有人認為「向企業諮詢」太大驚小怪，「總之想先詢問可能知道的朋友。」或是「小孩比較瞭解網路，會先詢問兒子或女兒。」等先「和人交談」來解決問題的意見。由此可以瞭解，使用者只想立刻知道答案，所以對使用者而言，利用網站的諮詢畫面輸入文字並不是最佳對策。

這種使用者的真心話，就連我們自己也覺得理所當然，為什麼會忘記了呢？這是因為我們很容易以企業的觀點去思考畫面結構、UI 等操作腳本，一不小心就掉入以自我主觀意識來思考問題的陷阱。

使用者真正的價值與行動是「只想立刻知道答案，不想特地花工夫打字。」所以我們必須清楚瞭解使用者的價值與行動，再思考操作腳本。

價值腳本

思考滿足人物誌本質欲望的最低限度腳本。

◇ 如何撰寫價值腳本

如果要撰寫價值腳本，要以企劃新產品或服務為前提，調查使用者，並設定人物誌。

「價值腳本」是注重該人物誌的真心話或本質欲望，只描述可以達成這個目標的最低限度腳本。由於此時還無法寫出具體使用何種產品或服務等細節，所以大部分是寫抽象、簡單的內容。

人物肖像／照片與標語	基本屬性
  頭髮捲度複雜的女性	姓名：桐谷さやか 年齡・性別：29 歲（女） 居住地：三軒茶屋（老家在橫濱） 家族：獨居 職業：網路媒體業務

與頭髮保養有關的行動	與頭髮保養有關的目標
・經常瀏覽與美妝有關的部落格等口碑評價或社群媒體資訊。 ・晚上就寢前會做護髮保養。 ・去美容院時，曾使用過美容師推薦的頭髮保養用品（因為用起來的確有效果）。	・因為有自然捲，希望可以控制頭髮的捲度。 ・下雨天時，頭髮會變得很捲，希望到公司後仍能維持在家整理好的狀態。 ・就算價格偏貴，只要是有效的頭髮保養品，就會想要購買。

雖然是簡易的人物誌，也要注意真實感

年　　月　　日

價值腳本	主題	「全新美髮產品的服務及網站提案」

使用者的本質欲望	價值腳本	情境
希望不受氣候影響，隨時都能維持自己能接受的髮型。	不論天氣如何，希望隨時都能維持自己能接受的髮型。	睡前保養頭髮 早晨，吹頭髮並整理造型 通勤中很在意髮型 在辦公室與同事共事 下班後也很在意髮型

▲

使用者的特色

獨居的單身女性（上班族、29 歲）

每到雨天頭髮就不柔順，嚴重捲翹，所以每次下雨就會有「自己不好看」的複雜情緒。
對與頭髮保養有關的訊息極為敏銳，雖然很在意別人的評價，但是自己能不能認同，比什麼都還重要。

> **NG 腳本範例**
> 不論何種天氣，使用美髮用品
> ○△□及吹風機，就可以隨時隨地
> 維持自己能接受的髮型

不可以加入使用具體商品或工具的「行動腳本」！

只寫最低限度的價值腳本中，大部分都使用短句來描述

4 章 ▼ 用腳本連結人物誌與畫面

接下來就根據該「價值腳本」，思考使用者將採取行動的情境，並分解每個行動，清楚記載。這種情境將成為以下「行動腳本」的基礎。

4-4 行動腳本

思考人物誌為了滿足何種本質欲望，將建立何種目標、採取何種行動。

◇如何撰寫行動腳本

行動腳本要先簡單寫出使用者為何採取行動的目標。接著使用價值腳本描述的場景當作內容架構，同時加上使用者將採取的行動，完成「行動腳本」。

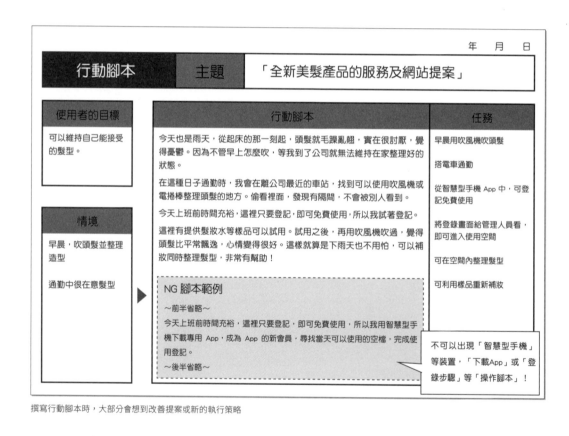

撰寫行動腳本時，大部分會想到改善提案或新的執行策略

接著請按照該行動腳本，將使用者使用了何種工具、產品、服務等，或操作畫面的動作，都當作「任務」，清楚地描述出來。

在行動腳本中，不可以寫出特定的產品名稱、功能名稱，或是要點選網站、App 中的哪個畫面等具體操作。若寫出與介面相關的操作，會認為好像就可以實現，反而會限制了想法，使得腳本受限於現行網站或服務。因此，與機器或畫面有關的操作要寫在接下來的「操作腳本」中，請再忍耐一下。

假如非寫不可，請以「利用可以○○的結構……」或「使用可以○○的功能……」、「以△△畫面，進行□□操作」等，以不限制特定產品、服務名稱或功能名稱的方式來表達。

MEMO

「結構化腳本法」原則上是以「價值腳本」→「行動腳本」→「操作腳本」等順序來描述。

但是，如果覺得剛開始寫不出滿足本質欲望的「價值腳本」，建議先試著寫出「行動腳本」。因為這個部分一般是具體思考使用產品或服務的場景。

關於這一點，前面提過的《EXPERIENCE VISION》一書作者高橋克實及早川誠二，也曾在「結構化腳本法」的研討會上提出相同建議。

此外，在寫「價值腳本」之前先思考「行動腳本」，這並沒有太大的問題；但是不能先從「操作腳本」開始撰寫。原因在 6-1「需要製作顧客旅程地圖的理由」也會提及，因為這樣會受到設計者先入為主的觀念影響，或受限於現有產品或服務，使得「應有狀態」變得狹隘。

4-5 操作腳本

思考人物誌為了達成目標，在採取行動時，將會具體使用何種產品或服務，使用何種工具或裝置，執行何種操作。

◇ 如何撰寫操作腳本

在操作腳本的階段，就要寫出產品或服務的特定功能名稱，或列出網站、App 的畫面名稱、按鈕名稱，討論具體的操作。伴隨著使用者的行動，詳細列出一連串操作，利用發生在腳本內的事項，能輕易連結後續流程的需求定義或功能定義。

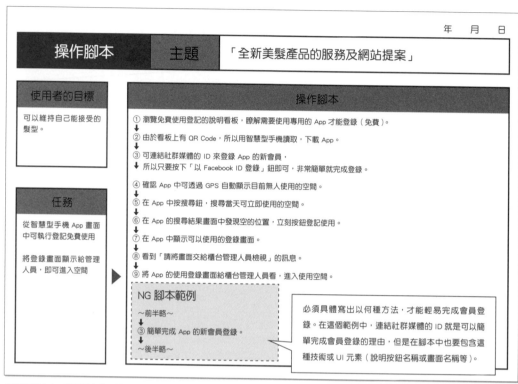

在操作腳本中，要想像出使用裝置的功能或網站的細節

在行動腳本中，是思考「狀態」的腳本；而在操作腳本中，是思考「事物」的腳本。建議大家依此方向去思考和整理，在撰寫腳本的時候應該能更容易區分。

◇ 也可以用撰寫畫面結構來取代操作腳本

在操作腳本中，需要條列寫出介面操作的細節，但是這個部分等同在思考畫面元素，所以也可以用手繪概略圖（構想圖）來代替。

在實際的專案中，通常時程都非常緊湊，所以在概略寫完行動腳本後，大部分會以畫出畫面結構來取代操作腳本。但是，為了第 2 章介紹過的「易用性評估」，而要製作腳本時，就得仔細寫出操作腳本。

我們為大家整理價值→行動→操作等 3 張腳本的描述步驟，如下所示。若從一個價值腳本中產生多個情境時，要寫出多張行動腳本；若在行動腳本中產生多個任務時，也要寫出多張操作腳本。

有時，設計總監等具有設計經驗的成員，會以手繪線框圖的方式寫出操作腳本，比較快速

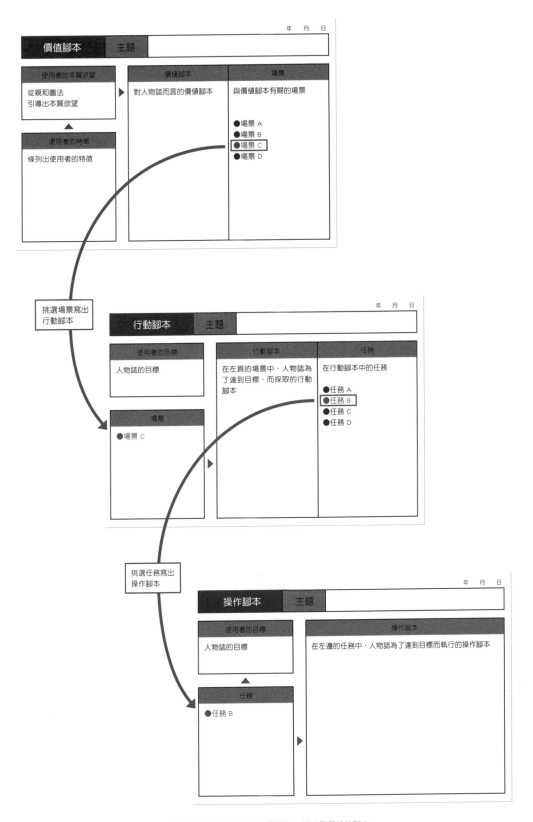

價值腳本　主題　　年　月　日

使用者的本質欲望	價值腳本	場景
從觀和圖法引導出本質欲望	對人物誌而言的價值腳本	與價值腳本有關的場景　●場景 A　●場景 B　●場景 C　●場景 D

使用者的特徵		
條列出使用者的特徵		

挑選場景寫出行動腳本

行動腳本　主題　　年　月　日

使用者的目標	行動腳本	任務
人物誌的目標	在左頁的場景中，人物誌為了達到目標，而採取的行動腳本	在行動腳本中的任務　●任務 A　●任務 B　●任務 C　●任務 D

場景		
●場景 C		

挑選任務寫出操作腳本

操作腳本　主題　　年　月　日

使用者的目標	操作腳本
人物誌的目標	在左邊的任務中，人物誌為了達到目標而執行的操作腳本

任務	
●任務 B	

把滿足人物誌的本質欲望當作價值，分解成行動的「場景」及操作的「場景」，描述階段性的腳本

4-6 練習思考腳本

結構化腳本法的練習和實際工作一樣，假設要提出某個新產品、服務或網站等的企劃案，就要實際從使用者的調查與分析開始，建立人物誌，並討論腳本。

◇ 試著瞭解使用者的「現狀」，以「結構化腳本法」思考「應有狀態」

要練習結構化腳本法時，就和實際工作一樣，假設要提出某個新產品、服務或網站的企劃案，然後從使用者調查與分析開始執行，這樣的效果會非常好。

本章是以我們 IMJ 公司內部舉辦給初學者的結構化腳本法講座時，當作題目的「全新美髮產品的服務及網站提案」來當作練習。當然，你也可以設定工作上的問題或關心的主題。

① 利用訪談收集資料

首先，從執行使用者調查、收集資料開始。非正式調查也沒關係，請找一位同事，以「平常怎麼保養頭髮？」為主題，試著訪問他 (訪談內容請參考 5-1。我們公司內部的講座中也是以「頭髮採訪」為題目，兩人一組，每人 20 分鐘，輪流互相訪問)。

② 用親和圖法找出「本質欲望」

接下來，把訪談收集到的使用者意見寫在便利貼上，用親和圖法 (請參考 5-5) 找出「真心話」或「本質欲望」。一般希望以多人進行專題討論的形式來執行，所以請找其他同事，花一個小時左右來做分析 (如果沒有同事可以訪談或進行專題討論，或沒有時間的人，請根據下頁的分析範例來練習)。

③ 建立簡易人物誌

根據訪談對象的簡介及親和圖法分析出來的結果，建立簡易的人物誌 (若是沒空建立人物誌的人，請以 4-3 的人物誌為基礎來練習)。

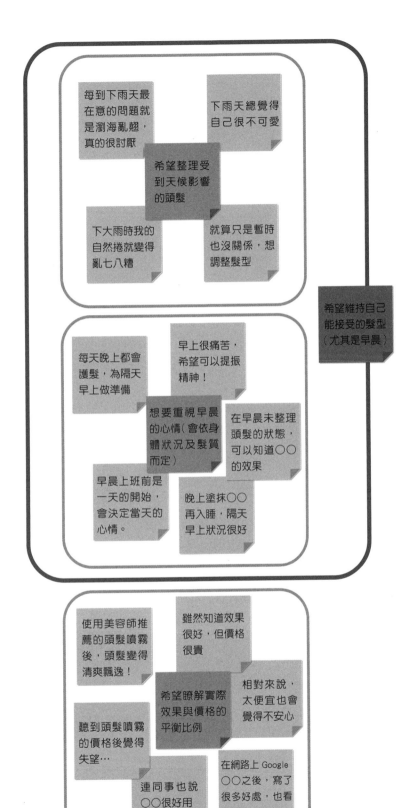

每到下雨天最在意的問題就是瀏海亂翹，真的很討厭

下雨天總覺得自己很不可愛

希望整理受到天候影響的頭髮

下大雨時我的自然捲就變得亂七八糟

就算只是暫時也沒關係，想調整髮型

希望維持自己能接受的髮型（尤其是早晨）

每天晚上都會護髮，為隔天早上做準備

早上很痛苦，希望可以提振精神！

想要重視早晨的心情（會依身體狀況及髮質而定）

在早晨未整理頭髮的狀態，可以知道○○的效果

早晨上班前是一天的開始，會決定當天的心情。

晚上塗抹○○再入睡，隔天早上狀況很好

使用美容師推薦的頭髮噴霧後，頭髮變得清爽飄逸！

雖然知道效果很好，但價格很貴

希望瞭解實際效果與價格的平衡比例

相對來說，太便宜也會覺得不安心

聽到頭髮噴霧的價格後覺得失望…

連同事也說○○很好用

在網路上 Google ○○之後，寫了很多好處，也看到價格

花點時間，可從訪談後的結果製作出親和圖，請練習做做看。

4章 ▼ 用腳本連結人物誌與畫面

④ 撰寫「價值腳本」(可搭配本書提供的範本)

1. 基本上,滿足以親和圖法引導出的「本質欲望」,將會成為腳本的主軸,因此在「使用者的目標」中要仔細寫出這個部分。接著,再思考達成該目標的「價值腳本」。這裡還不會寫出產品或服務的名稱、具體的使用者行動或操作。

2. 完成價值腳本後,請在右欄寫上實際使用該腳本的情境,並列出多種情境。

⑤ 撰寫「行動腳本」(可搭配本書提供的範本)

　　從寫在價值腳本右邊的使用情境中,挑出一個情境,按照以下重點,思考「行動腳本」。這時候還不用寫出具體的產品或功能、網站或 App 的畫面操作等。

▶ 何種使用者?

▶ 何種狀況?

▶ 想達成什麼目標?

▶ 達成該目標了嗎?

▶ 為了達成該目標,要花費多少時間與人力?很輕鬆還是很辛苦?

▶ 在達成該目標的過程中,有滿足感嗎?產生何種心情?

⑥ 撰寫「操作腳本」(可搭配本書提供的範本)

　　完成價值腳本後,請利用該腳本,針對使用者接觸的具體產品或功能、網站或 App 畫面,詳細寫成「操作腳本」。假如伴隨著還未問世的產品、服務或網站等畫面操作時,請以「用智慧型手機搜尋○○服務,按下首頁畫面的□□鈕」等,加上假的名稱再撰寫。

4-7　結構化腳本法的工具

　　建議大家列印出 A3 大小的簡易版範本,用手寫也可以,請一邊寫出腳本,一邊練習。

◇ 使用結構化腳本法的簡易版範本

　　對初學者來說,要執行正式的結構化腳本法還是比較困難,所以本書有幫大家準備了簡易版範本。請利用以下網址下載範本。

URL　http://www.flag.com.tw/DL.asp?FT810

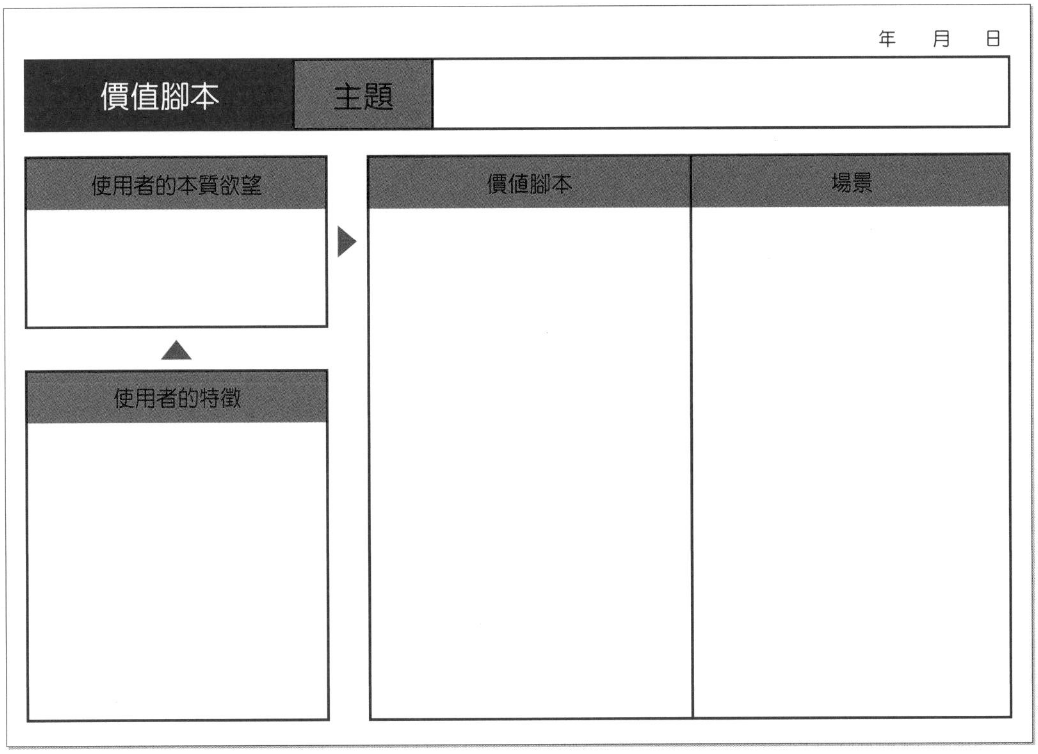

年　　月　　日

| 價值腳本 | 主題 | |

| 使用者的本質欲望 | 價值腳本 | 場景 |

使用者的特徵

價值腳本　範本

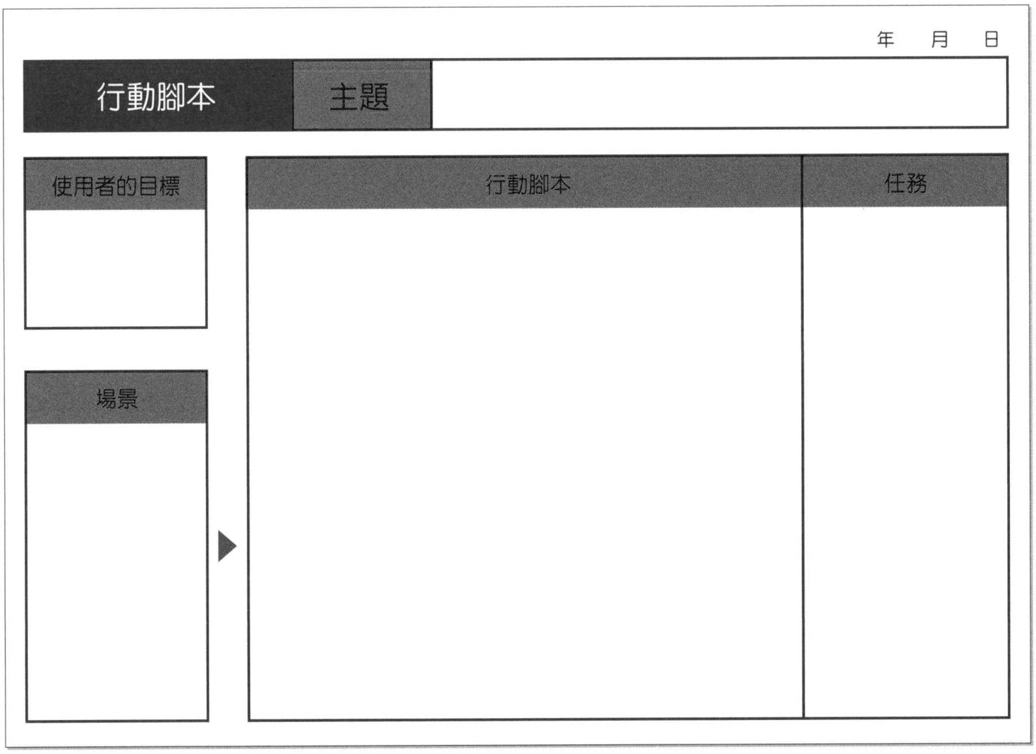

年　　月　　日

| 行動腳本 | 主題 | |

| 使用者的目標 | 行動腳本 | 任務 |

場景

行動腳本　範本

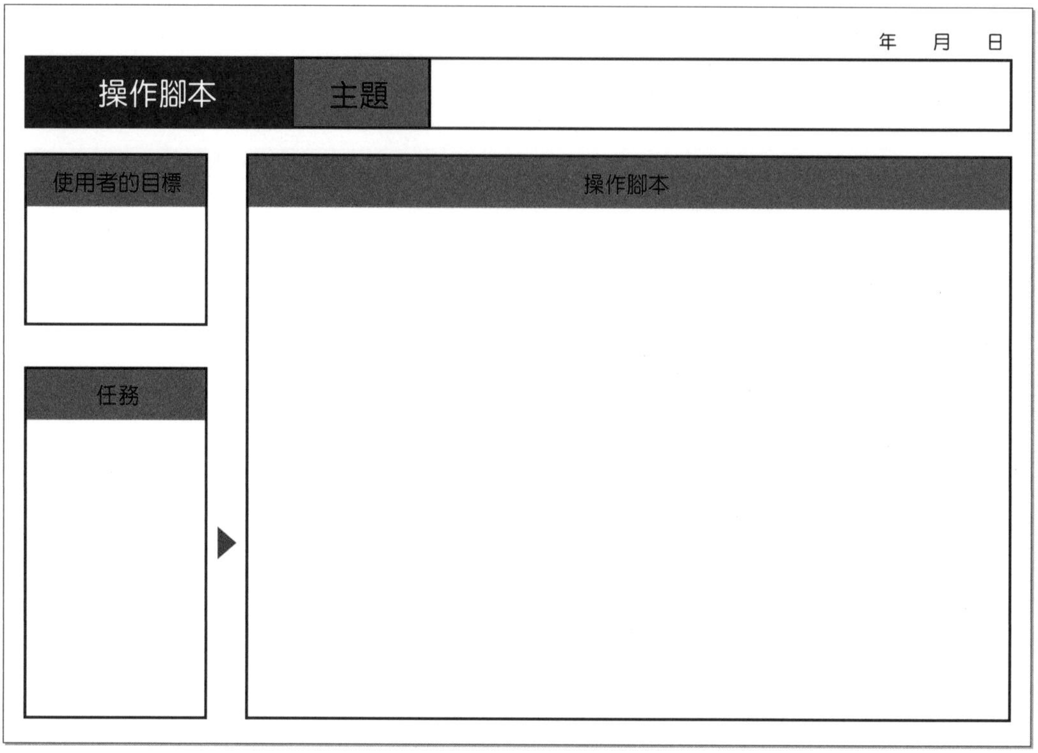

操作腳本	主題		年　月　日

使用者的目標	操作腳本

任務	
▶	

操作腳本　範本

若要學習正式的「結構化腳本法」，則需準備以下 8 種範本。

1. 專案目標範本
2. 使用者本質欲望範本
3. 提供商業方針範本
4. 人物誌範本
5. 價值腳本範本
6. 行為腳本範本
7. 操作腳本範本
8. 經驗願景範本

4-8 請其他人檢視腳本以保持客觀性

　　自己看自己寫好的腳本，總是會認為「這是好腳本」。因此，建議請同事或朋友代為檢視腳本，並聽取對方的客觀意見。

◇ 請別人檢視腳本，改善有問題的地方

　　我們總是很難察覺到自己寫出來的腳本有哪裡不對勁。如果要輕易找出這種腳本的「陷阱」，最快的方法就是請同事或朋友檢視腳本。透過別人的角度，直接找出腳本中覺得奇怪的部分來進行改善，這其實是非常符合 UX 設計的作法。

　　我們在思考結構化腳本時，很少單獨一人來進行，比較常見的作法，是由多人撰寫多個腳本提案再發表，彼此交換意見、去蕪存菁。由專案成員投票選出哪個腳本比較好，或是請客戶檢視，就能力求腳本的客觀性。

MEMO

使用者有按照腳本採取行動並體驗了嗎？雖然這個問題是以 UX 設計的中高階者為對象，但的確有簡單的方法可確認這點，那就是念出「行動腳本」，並且演出來。話雖如此，說到要在陌生人面前表演，還是比較容易害羞，請試著拜託交情好的同事或朋友來演練。

右下圖這張照片是我們在公司內部講座時，念出腳本並演練的情境。同事化身成登場人物（人物誌），依照腳本來行動，發話部分要說出來與對手對話，且連內在情緒也要說出來。

另外，若有操作新機器的情境，請以虛擬方式演出使用實際上還不存在的東西，不需特別準備。

此外還有將文章上的假說，亦即腳本，實際演出＝製作原型的驗證方法。

即興演出腳本，除了聲音，也用肢體來表現

（右側直排）

4 章 ▼ 用腳本連結人物誌與畫面

創造機會運用在工作上的方法

偷偷練習	試著運用在部分工作上	邀請客戶加入
★★	★★★	★★★★

如何開始「偷偷練習」？

若設計過網站或 App 的畫面，應該比較容易開始練習。或許你會覺得有太多程序要履行，但是只要花一點工夫，就可以看到未曾見過的腳本。

如何「試著運用在部分工作上」？

若因為畫面數量有限而限制結構化腳本法的使用範圍，或是已經詳細決定執行功能時，將會很難發揮效果。因此，執行結構化腳本的專案，建議要挑選適合的需求定義與設計時機。

如何「邀請客戶加入」？

這種手法大部分都會超過委託線，所以筆者認為只限於找客戶一起參與討論，讓對方能瞭解結構化腳本法的情況。

但是，如果遇到客戶要求依畫面設計的論點說明理論，或是無法輕易更改主要畫面群、希望完成正確畫面設計等情況，有時也會與客戶一起思考腳本。

結構化腳本法的「案例介紹」

結構化腳本法是提出應有狀態的企劃案時，或在設計階段組合細部元素時，可以使用的方法。
在此要利用實際案例來介紹這兩種類型。

【輕量級】結構化腳本法的案例與流程

〈專案資料〉

期間	全部人力	編制
1 週	4 人日 （32 小時）	總監 × 1名 規劃師 × 1名 HCD 專家 × 1名（僅提供結構化腳本法的建議）

〈目的〉

對美容類客戶提出的自主性提案，大量加入掌握了女性美容需求的網站，及不論真實性的企劃創意。

〈流程〉

成對訪談 → 定性資料 → 親和圖 → 建立簡易人物誌 → 製作結構化腳本（不寫出操作腳本）

〈重點〉

由於是自主提案，沒有預算，所以可利用公司同事的成對訪談、收集定性資料、由少數人進行專題討論，製作親和圖，以及簡易人物誌，同時也手寫多個「價值腳本」與「行動腳本」加以討論，尋找企劃創意。由於只是企劃階段，所以省略「操作腳本」。

價值腳本	主題	「美容產品或服務的網站提案」

使用者的本質欲望	價值腳本	情境
身處於時尚敏感度高的公司同事中，覺得自己也不能鬆懈，希望讓人覺得自己是隨時掌握最新資訊與商品的優秀人員。	希望讓交情較好的同事，對自己提供的話題或商品感到開心、興奮。	準備與要好的同事一起去女子旅行。 挑選住宿時使用的肌膚保養品。 在旅行中讓大家注意自己帶來的商品。

使用者的特徵
市區獨居的單身女性 （上班族、35 歲） • 因為編輯與採訪工作的關係，會接觸到形形色色的人與工作夥伴 • 對美容相關資訊極為敏感 • 每天一定會保養肌膚 • 工作性質的關係，每天都會上網，也經常使用社群網路 • 由於工作需要與人接觸，所以會利用網路報導，仔細閱讀全球新聞或商品評論等

價值腳本

行動腳本	主題	「美容產品或服務的網站提案」

使用者的目標	行動腳本	任務
在同事中，讓他們對自己提供的資訊感到開心、興奮。	好久沒有和要好的同事來一場女子旅行。平時使用的瓶裝乳液很重，希望購買小瓶裝。 首先，搜尋美妝類產品的口碑，尋找旅行用的小瓶裝保養品，○○手掌大小的管狀商品評價不錯，非常可愛，而且與乳液搭配使用，效果似乎很好，覺得很喜歡。但好像還有很多人不曉得這個商品，最近的藥妝店沒有賣，因此在官網上購買。	（這次不製作操作腳本）
	在女子旅行中，泡完溫泉後，一邊塗抹化妝水一邊對朋友 A 表示「光這樣好像會很乾燥～」，接著說「其實還有這個」拿出○○給對方看「欸，好可愛！」大家聚集過來。一邊熱烈討論，一邊試塗在肌膚上，感覺很保濕，獲得不錯的評價。大家都覺得好用，真是太好了。	

情境
挑選住宿時使用的肌膚保養品。 在女子旅行中，讓大家注意自己帶來的商品。

行動腳本

【重量級】結構化腳本法的案例與流程

〈專案資料〉

期間	全部人力	編制
4 週	20 人日 （160 小時）	總監 × 1名 設計師 × 1名 HCD 專家 × 1名

〈目的〉

客戶在改善企業內部網路的業務工具時，將與現狀工具有關的業務流程模組化，並在新業務工具設計中，加入結構化腳本法，提高對使用者而言的易用性與工作效率。

〈流程〉

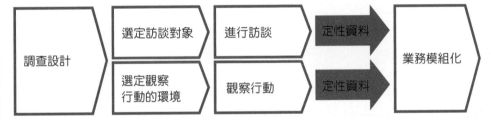

〈重點〉

根據使用者訪談，建立可以觀察現場行動的真實人物誌，完成了符合業務現況的腳本。利用製作概略原型並檢視的方式，取代「操作腳本」，達到縮短時間的目標（與出現在本書中的結構化腳本法範本比較，記載的項目有些許差異。）

價值腳本

目標使用者		價值腳本	情境
熟悉各公司業務,協助業務工作的行政人員		省去○○業務的麻煩,可以有效率地處理行政工作。	(情境 3) 可以立刻找到需要的資料,而能減少搜尋時間。 (情境 4) 即使是行政經驗少的員工,也可以快速學會○○業務。

使用者的特徵	使用者的本質欲望
・28 歲、女性 ・進公司 4 年 ・比較瞭解電腦 ・員工的評價高 ・愛管閒事 ・有點粗心大意 ・對現在的公司內部系統並沒有不滿	希望透過妥善處理業務委託的工作,讓對方高興。對方高興,自己也會開心。

行動腳本

使用者的目標	人物誌			
想透過妥善處理業務委託的工作讓對方感到高興。對方高興,自己也會開心。	熟悉各公司業務並協助業務工作的行政人員	・28 歲、女性 ・進公司 4 年 ・比較瞭解電腦	・員工的評價高 ・愛管閒事 ・有點粗心大意	・對現在的公司內部系統並沒有不滿

情境	行動腳本	任務
(情境 3) 可以立刻找到需要的資料,而能減少搜尋時間。	將與○○業務有關的檔案或資料,放在看得到的地方,就可以一邊確認,一邊快速完成行政工作。 因此,業務員打來緊急電話時,能立刻回應,提供明確的答案,與業務部門的聯繫變得快速又輕鬆。	1. 接到業務員打來的緊急電話 2. 從△△畫面立刻參考相關檔案或資料 3. 回電給業務員,告知答案 4. 負責的業務部門也能從△△畫面的□□通知功能分享這個案件 5. 完成○○業務的行政處理

5章

即使是自己的想法，也不見得能貼切地表達，所以聽到的事情也不應直接囫圇吞棗

使用者調查

第 4 章學習了腳本，我想你應該瞭解，掌握使用者的「價值」及「行動」的重要性。這種「使用者的真心話」，通常大大超出我們想像或推測的範圍，若想把這些真心話當作資料來收集、運用，直接詢問使用者是最快的捷徑。因此，本章要學習如何成功收集這種資料，還有要怎麼做，才能變成可以有效運用的形式。

written by 太田 文明（IMJ Corporation）

何謂使用者調查？

使用者真正的想法是什麼？使用者的「本質欲望」在哪裡？使用特別的方法「直接詢問使用者」，就是使用者調查的構想。

使用者調查可用來發掘「本人沒有注意到的課題」或「暗自感覺到的價值」，將這些隱藏在日常生活中、表面上看不出來的使用者真心話，變得顯而易見。

首先，在你開始學習使用者調查之前，我們想讓你先瞭解一件事：「一般的詢問通常無法聽到真心話。」

我想聽到重要的事情或有用資訊…

我應該說什麼，對方才會高興？

表面性的發言＝閃亮資料

就像這樣，我們講話時，總會在無意間選擇「重要的事情」或「必要的事情」來講。這種表面性資料，筆者稱為「閃亮資料」，通常無法從中找到新發現，也沒有用處。

相對來說，UX 設計中的使用者調查，非常重視「本人自己也沒發現這件事很重要的真心話」。這個部分（相對於「閃亮資料」，此部分稱為「黑暗面」）幾乎不會浮出檯面，甚至很難發現到原來有被隱藏的真心話。

因此，這裡要介紹挖掘出這種真心話的方法，那就是「使用者調查」。使用者調查可大致分成以下兩個階段。

- 前半場：訪談等收集資料的步驟（收集資料）
- 後半場：進行分析，找出使用者真心話的步驟（資料分析）

本章將分別介紹前半場收集資料用的「情感曲線訪談」及「師徒制訪談」等兩種訪談方法，以及後半場分析資料用的「親和圖法」。

使用者調查的顯示範例

在「情感曲線訪談」中，如下圖所示，根據使用者的情感（情緒）高低起伏，記錄下發言內容。

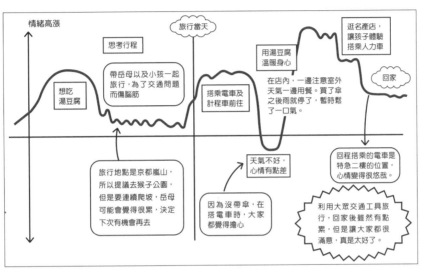

情感曲線訪談

若採用「師徒制訪談」(5-2 即將介紹) 方法，會顯示記錄者取得的內容、錄音、錄影等資料。另一方面，若採用「親和圖法」(5-5 即將介紹)，我們會使用便利貼及模造紙貼在牆上分析和進行專題討論，最後呈現在牆上的討論結果就是成果，如下圖所示。

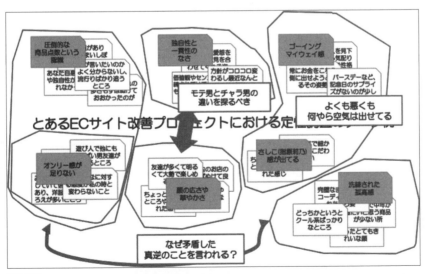

親和圖法

將使用者調查運用在工作中

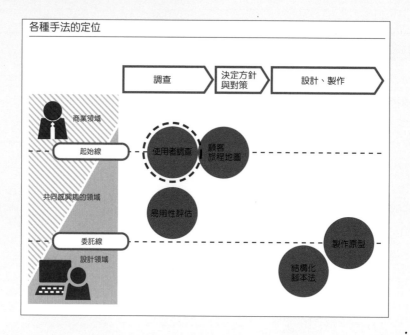

使用者調查在網站的設計、製作階段中,位於橫跨「起始線」的位置。我們在調查中能逐漸接近使用者的真心話,所以能從基礎開始思考要如何製作網頁,但是使用者調查非常強大,有時也會產生「原本真的需要做網站嗎?」的疑問。

如果你的專案只需要專注於用網站可以解決的使用者問題,就不需要有上述的想法。即使發現了超出專案目標的課題,也應該要慎重分類,先當作「參考」。

〈發揮在工作上的難度〉

偷偷練習	試著運用在部分工作上	邀請客戶加入
★★	★★	★★★ (★★★★)

事實上,一個人要偷偷練習使用者調查,其實很簡單。請不要以「我要來訪問你了」的備戰狀態,而是用拜託朋友或同事的態度「我有點事情想請教。」例如,在咖啡店裡喝咖啡,在輕鬆的狀態下進行,也能獲得質量兼具的資料。

以朋友為對象,就算失敗了也不會造成問題,而且可能發現驚喜「雖然是牛刀小試,沒想到獲得了新資料。」將這種輕鬆的活動偷偷地、逐漸地運用在工作上,通常在不知不覺之間,就會慢慢理解使用者調查的重要性。

首先,請從閒聊開始,輕鬆嘗試吧!

5-1　收集資料

使用者並沒有完整、正確地瞭解自己的欲望，而且也沒有學過如何將欲望用言語表達出來，正確地傳達給我們這些製作者。可是，這種使用者究竟想要什麼？我們要傳達什麼訊息、如何傳達，他們才會覺得高興？掌握勝負，做判斷的人，終究還是使用者。

◇ 不是詢問而是「請教」

提到訪談，或許你的既定印象是事先列出鉅細靡遺的問題清單，請對方依序回答。根據調查目的，當然也有適合用這種方法的情況，不過這裡並不是要做這種一問一答式的訪談。

在做 UX 設計時，請先暫時放下事前設想或假設，把發掘「前所未見的重要事情」當作使用者調查的目的。如果要讓對方回答可以事前準備好的問題，就只能確認我們已經瞭解的事情，所以這裡必須採用「讓對方說出無法事先設想的事情」的方法。

因此，以下要以「請教」而非「詢問」的方式，試著改變思考方法。

◇ 利用「情感曲線訪談」傾聽回憶

當然，一味說著「請告訴我」，對方也會覺得困擾。對方不是教人的專家，而且如果不像閒話家常一樣來製造話題或流程，將無法引導出任何東西。

事實上，「回憶」是可以輕易讓任何人打開話匣子的話題。我想每個人都有往事，一邊回顧過去，一邊不停地聊天，對於發話者或傾聽者而言，都會非常愉快。

若想利用這種愉快的心情來做使用者調查，我建議的手法是，一開始就介紹過的「情感曲線訪談」方法。在情感曲線訪談中，請當作調查對象的使用者，畫出稱為情感曲線的圖表，並且回想符合調查主題的回憶。

做這種訪談時，使用者畫出來的圖如下頁所示（這是真實資料，為了保護個資，部分加上馬賽克）。

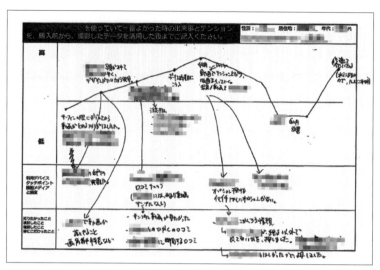

情感曲線訪談的記錄案例

　　上圖是請使用者回想他使用某個網站服務時的回憶，自行畫出這種折線。依照時間，由左開始往右前進，表現情感 (情緒) 起伏。

　　做這種情感曲線訪談時，有以下 3 個訣竅，請先記起來。

問出對方在轉折點發生了什麼事

　　在情感上下起伏的轉折點，一定有發生什麼事情。在圖表開始往下的位置，可能隱藏著某個問題；相對地，在開始往上的位置，或許也會察覺到意想不到的價值。這些都可能是找出「前所未見的重要事情」的線索。

問出前後部分

　　我們不會突然去造訪某個網站，也不會一直使用該網站。掌握轉捩點、感想等造訪網站前後時間所發生的事情，非常重要。

問出坦率的行動

　　請把使用者「想到的事情」與「採取的行動」當作不同資料來處理。在「想到的事情」中，或許有些使用者會加入演戲的成分，但是「採取的行動」卻不會說謊。因此，請盡量收集「坦率」的資料。

成為使用者的「徒弟」以進行訪談

訪談使用者時，他未必能順利回想起所有事情。此時，只要在訪談時下點工夫，就可以聽到使用者本身也沒有發現的私人部分。這種作法就是「師徒制訪談」，你一定要試著「成為使用者的徒弟」。

◇ 進一步深入挖掘「師徒制訪談」

前面利用情感曲線訪談，製造出讓使用者告訴我們事情的契機。以回憶為基礎，一定可以逐漸看到使用者使用網站時，所發生的事情。

或者，檢視實際使用網站時，「咦？為什麼你會這麼操作（行動）？」或許可以像這樣，找到其他「話題的契機」。

利用這種「發現到的契機」，進一步透過訪談深入挖掘資料，就是以下要介紹的「師徒制訪談」。

《CONTEXTUAL DESIGN》(Hugh Beyer, Karen Holtzblatt 著) 這本書據說是 UX 設計的經典。可惜的是，這本書只有英文版本，其中提倡的訪談調查方法，包含「Master/Apprentice Model」，在樽本徹也的著作《ユーザビリティエンジニアリング—ユーザエクスペリエンスのための調査、設計、評価手法》中，翻譯為「師徒制訪談」，並做了介紹。本書介紹的方法和這本書的想法相同，所以使用樽本先生翻譯的「師徒制訪談」來說明。

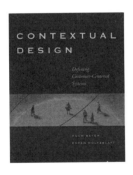

CONTEXTUAL DESIGN
作者：Hugh Beyer、Karen Holtzblatt
出版社：Morgan Kaufmann（1997 年）
ISBN：978-1558604117

ユーザビリティエンジニアリング［第 2 版］
ユーザエクスペリエンスのための調査、設計、評価手法
作者：樽本徹也
出版社：オーム社（2014 年）
ISBN：978-4274214837

師徒制訪談顧名思義，就是「把使用者當作師父，而訪談者為徒弟，向對方求教。」

請使用者實際使用網站，或看著剛才介紹過的情感曲線訪談用紙來執行。情境如左邊的照片所示。

然後陸續提出問題：「為什麼會採取這種行動（操作）？」、「當時想起了什麼事？」等逐一挑出行動或文字，找出新線索。

這種作法是當場找出新問題，「請教使用者」，而非詢問對方事先準備好的問題。就像師徒制訪談這個名稱，感覺是「徒弟向師父請教」或「弟子一邊看著師父的技巧，一邊偷學。」

在做師徒制訪談時，有以下 4 個訣竅。

◇ 1. 不要提出可以用「是／否」回答的問題

我們很容易下意識地提出「你在做○○嗎？」、「你認為是○○嗎？」等問題，這樣對方可以回答「是」或「否」，而結束對話。我們的目的是收集在此之前的「為什麼？」所以建議稍微改變問法，「關於○○，你覺得『如何』？」、「『請告訴我』關於○○的部分。」以無法簡單回答的方式來提問。對方或許會「嗯……」陷入思考，但是這可能已經觸及到對方也沒有注意到的部分。請別出手相助，耐心「請教」對方。

◇ 2. 即使回答風馬牛不相及的事也姑且聽之

這是當場提出問題的訪談，所以話題會逐漸擴大。這樣可能會偏離我們想調查的主題，例如明明要調查網站，卻提到與網站完全無關的事情。可是，有時可能出現一種狀況是，雖然當時認為無關，但事後分析時卻發現「其實有關聯」。我想，應該是使用者本身覺得有關才會提出，所以請姑且聽之。

◇ 3. 掌控狀況以免過於脫序

話雖如此，也有些情況是明確知道是完全無關的事情，只是純粹在「閒聊」。假如你覺得很奇怪，請直接微笑詢問對方「這些內容……，與這次的調查有關嗎？」將話題拉回主題，或者對方可能說出「不，其實有關係！」訪談者必須拉好韁繩，請別置之不理。

◇ 4. 最後的問題是「請問還有沒有想說的事情？」

不論訪談如何成功，也不可能全部問清楚。受到時間限制，到了訪談最後，會下意識想追根究柢。但是，最後請自我控制，試著詢問對方「最後，請問有沒有想說的事情？」

5-3 練習收集資料

透過訪談來做的使用者調查，可以立刻開始練習。利用午休或假日，先試著找親朋好友一起練習，你一定可以體會到，這是非常簡單而且強大的調查方法。

【共通】招募─尋找願意受訪的人

拜託朋友協助調查。希望可以依工作的調查主題來做訪談，如果純粹只是練習，我想也可以用完全無關的主題來訪談。像是旅行網站、戀愛相關主題等，剛開始練習時，任何主題都可以。

雖說是練習，這仍是在「調查」，所以請事先說明資料的使用目的，並且獲得對方同意。

【共通】開始─先短時間切換「開」與「關」

最初請做約 30 分鐘左右的簡短訪談。第一個人（尤其還不熟悉時），一定要從友人、同事等有關係的對象開始練習。

做「情感曲線訪談」與「師徒制訪談」都一樣，必須要意識到訪談時間（開）與非訪談時間（關）的切換。請不要一口氣持續進行，而是「先簡短訪談」然後「稍事休息」，反覆進行兩者，逐漸營造出氣氛，會比較能順利進行。

【情感曲線訪談】一邊描繪「一邊發言」

情感曲線訪談是像「敘舊」一樣，與對方聊天的調查方法。為了方便聊天，請對方使用紙筆，一邊描繪情感起伏，一邊聊天。

如此一來，談話就不會漫無目的，而能依調查主題，井然有序地提出問題，對方一定會回想起某些事情。此時，請立刻詢問對方「當時發生了什麼事？」、「為什麼心情（情緒）高漲（低落）？」將對方回答的事情直接寫在紙上，記在手邊的筆記本或便利貼上也沒關係。

【師徒制訪談】先準備請教清單

假設已經做完了情感曲線訪談，建議採取「希望您可以完整告訴我，在情緒最高與最低時，發生了什麼事。」下圖是尋找「想知道的重點」，試著詢問對方的示意圖。

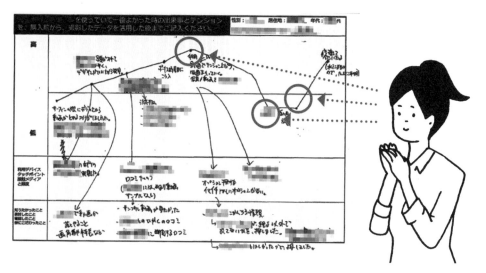

針對情感曲線特別高或低的地方，還有大幅轉折的位置，一一請教對方

請對方一邊使用網站，一邊做師徒制訪談時，建議先準備基本的「請教清單」，再從中擴大話題，如以下所示。

▶請教對方開始使用網站（服務）的契機
▶請教對方使用的期間／頻率
▶請對方在現場實際使用，並且直接說出感想
▶針對做過的事情與說過的話，提出「欸，為什麼？」的吐槽式疑問。

實際上，除了你覺得不可思議的事情之外，連你都可以推測出理由的事情，也要試著詢問對方「欸，為什麼？」通常會獲得與你想像有出入的答案，或得到未曾想過的發現，請務必試試看。

【共通】完整的記錄

使用者無意間的言論或行動在後續分析時，也可能派上用場，所以建議先鉅細靡遺記錄下來。

事實上，初學者做訪談時，最容易犯的錯誤就是「只打算記錄重要的事情」，而只留下經過篩選、簡化後的記錄。事情重要或不重要，並不是在收集資料的階段決定，而是在後續資料分析階段判斷，所以請以「總之先全部記下來帶回去」的態度來做訪談記錄。

等到以後確定是無用的資料，再捨棄即可。

【共通】執行完一次後就要立刻回頭檢視

訪談成不成功，很難在當場做出判斷。首先，請在結束一場訪談之後，立刻仔細檢視記錄內容。

下例是實際的訪談記錄，從階層結構過於平坦，就可以清楚瞭解，這次的訪談尚未深入挖掘。

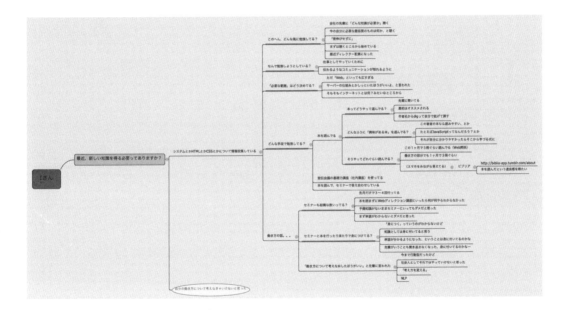

下一個範例則是階層結構深且廣、成功完成訪談的類型。訪談後馬上檢視記錄，就能找到改善下場訪談的線索。請別急著一次就要成功，建議反覆回顧、慢慢改善。

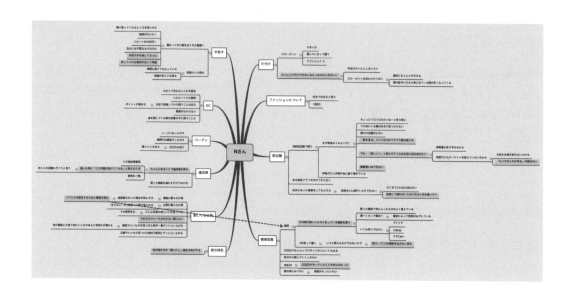

5-4　資料分析

　　重要的是，從訪談中得到的資料，是使用者沒有分析或過濾過的原始定性資料，所以要事先處理。假設在定性資料中出現了「希望達到像○○這種功能」等具體要求，最好也別照單全收。

◇ 要對使用者言聽計從嗎？

　　假設在設計 EC 網站時，正在調查使用者的使用狀況。倘若其中有位使用者提出「儲存在購物車內的商品降價時，希望能收到通知。」這種具體批評時，應該如何處理？這裡的重點是，請勿立刻認為「原來如此，這似乎是很方便的功能，所以把它加進去吧！」

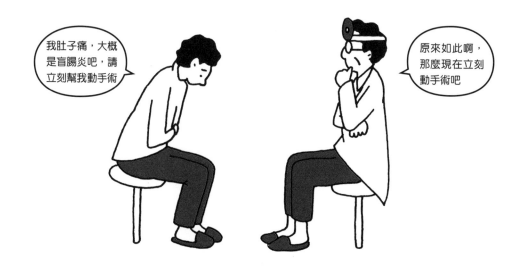

使用者提出這種要求時，背後一定隱藏著某種不滿，所以將對於不滿的解決方案變成批評提出來。可是，對這種解決對策囫圇吞棗的作法適當嗎？在做 UX 設計時，請先暫時停下來思考。

這位使用者可能希望買到最便宜的商品，就算只便宜 1 元也好；或是可能只是對已經購買的商品價格不死心而在追蹤 (也可能是後悔衝動購買)；也可能是為了經營比價網站，純粹想要調查而已。這些背景可以說是使用者的行動因果。

隨著提出要求的背景 (＝行動因果) 不同，即使對使用者的要求照單全收，也不見得就能直接影響商業成果。最重要的是，對營業額沒有貢獻的要求，就算加入網站，滿足使用者的要求，就商業觀點來看，其實一點意義也沒有。

◇ 要找出使用者也沒發現的「真正解決對策」

在使用前面介紹的訪談手法收集到的定性資料之中，包含了使用者本身也沒有注意到的「解決對策提示」。以該提示為線索，提供使用者意想不到的解決對策，讓對方開心，可以說就是我們 UX 設計從業人員的工作。

假設出現在分析結果中的使用者本質欲望是：「購買商品後，卻發現可以用更便宜的價格買到相同商品，這樣就太糟糕了，所以想等最低價出現」，因此使用者提出「希望儲存在購物車裡的商品降價後提供通知」的功能。這時候請別照單全收，而是採取「在一定期間內，產生與最低價格的價差時，提供點數補償。」這樣做較能滿足使用者的本質欲望，而且也可能對提升營業額有所貢獻。或者還可考慮「購買過的商品價格，不會再次顯示」的方法。

像這樣，在做 UX 設計時，必須注意「使用者真正期望，自己卻沒有意識到，所以無法具體說出來的事情」。以此為前提，釐清不滿的結構＝找出真心話，引導出真正的解決對策。

找出真心話的步驟，我們在本書中稱為「分析」。

接下來，終於要介紹尋找使用者真心話的具體方法，亦即定性資料的事前準備與處理方法。

5-5 親和圖法

不能照單全收使用者的想法，那究竟該怎麼做，才能使用訪談收集到的資料，找出真心話？以下將概略介紹「親和圖法」，這是一種分析手法，用來找出藏在話語背後的「隱性知識 (Tacit Knowing)」。

◇ 標準的分析手法「親和圖法」是什麼？

提到 UX 設計，應該有不少人腦中都會浮現出「在整面牆上貼滿便利貼」的情景吧！

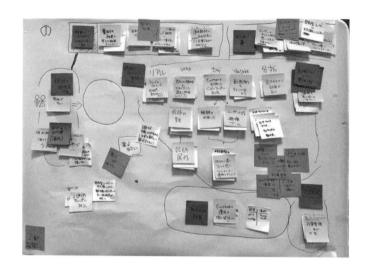

　其實，這就是使用「親和圖法」來分析資料的場景。「親和圖法」是分析訪談資料時常用的手法，也是希望所有 UX 相關從業人員當作基本技巧來學習的手法。

　如你所見，這是非常實體化的步驟，如果你的夥伴與數位業界的關聯越深，就越可能提出「為什麼要特別用便利貼，還一定要用手寫？」的質疑。可是，親和圖法使用這種實體方法時的效率最好，也最容易產生效果。

　以下將說明理由，以及可以立刻執行的具體方法，你馬上就能看見之前未曾發現的使用者真心話，還有能讓每位專案成員理解、認同這些真心話的效果，感受到這種方法的好處。

◇ 親和圖法的步驟

　首先，請先記住執行親和圖法的步驟。

親和圖法的 4 個步驟
1 ： 製作資料「切片」
2 ： 利用 1 製作好的切片，建立小群組，貼上標題
3 ： 把 2 建立好的小群組整合成大群組，並且整理成圖
4 ： 把 3 製作好的圖變成文章，以便說明與解釋

各個步驟中皆有些要領，還有容易失敗的部分。這裡為了讓你可以一邊實際動手執行，一邊學習，而捨棄了「說明」與「練習」的界線，按照順序來說明（請一開始先看過一遍，進行想像練習，接著實際使用便利貼或模造紙練習。以這種感覺來學習即可）。

親和圖法是知名地理學者、文化人類學者川喜田二郎博士開發的，用來整理資料、分析、發想的手法，取其頭一個字母的縮寫，又稱作 KJ 法。這個方法適用於世界上所有調查現場，例如設計思考或服務設計等，已經是十分常見的手法。詳細內容請參考川喜田二郎的著作《発想法》、《続‧発想法》。

発想法　創造性開発のために [中公新書]
作者：川喜田二郎
出版社：中央公論社（1967 年）
ISBN：978-4121001368

続‧発想法　KJ 法の展開と応用 [中公新書]
作者：川喜田二郎
出版社：中央公論社（1970 年）
ISBN：978-4121002105

＊ KJ 法是川喜田研究所 (股) 公司的註冊商標。

5-6　親和圖法的分析練習

在使用親和圖法的分析中，「動手的程度」是測量分析品質的一項標準。與理解之後再動手相比，這種方法略微粗暴，但是習慣「總之先動手試試看」的作法，是學會親和圖法的捷徑，所以請你即刻開始嘗試。

◇ 實際接觸定性資料，一邊動手一邊思考

請實際使用第 5 章收集到的調查資料，利用親和圖法來分析。如同這裡的說明，請先依樣畫葫蘆來進行，假設以「使用 EC 網站時的使用者行動」為調查主題。另外，此調查的商業目標是「思考讓輕度使用者變成重度使用者的策略」。

① 製作定性資料的「切片」

開始寫便利貼,製作分析時要用到的大量便利貼(這裡稱為切片),這是一個人就可以完成的工作。

將訪談收集到的資料=文章,擷取可以放入一張便利貼中的片段,寫上便利貼。我想,剛開始很難拿捏一張便利貼究竟要放入多少內容,但是這個部分後續可以做調整,總之請先把內容寫上去。

如上所示,頂多只寫下觀察性、客觀性的事實。在這個階段,希望你注意到「不可精簡內容,但是情感或心理等看不到的部分,也不可任意代為發言」。代為發言的工作會等後面的過程再做。

另外,為了後續的步驟,要注意「文字大小必須是不用走近就能輕易看清楚的大小」。

這裡的訣竅是,先不要判斷「這種定性資料重要嗎?」而是把收集到的定性資料全部寫出來。擷取內容時,要做到「看到那張便利貼,就可以浮現那個場景」,亦即別過度精簡,這點很重要。

另外,請將全部的便利貼都貼在模造紙等廣大平面上。假如有多人進行時,請呈現出參與這項工作的全體成員,能以相同距離,閱讀所有定性資料的狀態。這裡製作出來的切片,日後可以重複使用,所以建議要仔細製作,方便之後反覆練習。

以可以看清楚的文字大小／毫無遺漏寫出來／不要精簡

② 利用製作出來的切片,建立小群組並貼上標題

這個「建立小群組」的工作,其實是最有發想性的步驟,結論會變成落入俗套,或是找到新發現,這裡將是重要的分歧點,所以請仔細注意。首先,請詳細檢視先前範例中寫出來的切片。

是否有共同「隱藏」著何種「不滿結構」或「價值」?

像這樣建立「小群組」之後，立刻用別種顏色的便利貼，貼上該群組的標題。關鍵是，要把群組內定性資料的共同特徵變成標題，清楚表現出來。就算只有標題，也要包含豐富的資料，才能對使用者產生共鳴。這裡絕對不可以「單純整理並條列資料」。

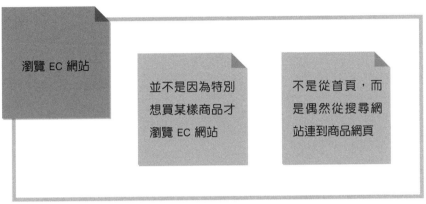

這是變成「表面性分類」的錯誤範例

「單純整理並條列資料」，是指只注重「EC 網站」這個名詞，加上非常表面性的標題。調查的目的是為了找出「重度使用者也沒有注意到，被隱藏起來的樂趣」而提出新課題，所以這種無法繼續下個步驟的分類是毫無意義的。

比較好的範例是，建立以下這種群組，並貼上標籤。建立群組是指，由團隊「想像、發想」在多張便利貼之間的「隱性共通點」，由團隊補充寫上這些便利貼的共同背景。

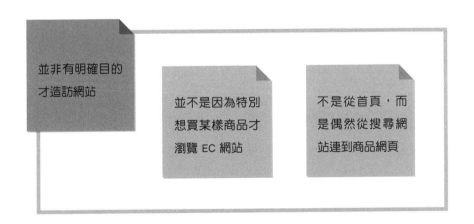

這裡還不曉得使用者為什麼沒有明確的目的。可是，使用者特意打開電腦，搜尋或抵達 EC 網站，看起來似乎有某種目標。這是十分能引起興趣的群組。

另外，加上這種標題之後，或許以下這類切片也被包含在該群組中。

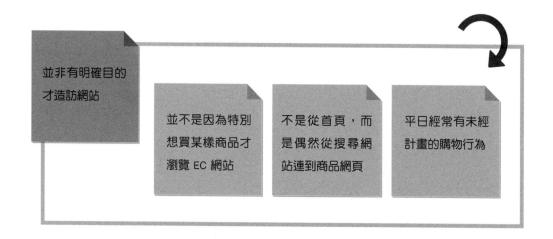

　　假設像前面的錯誤例子，以「瀏覽 EC 網站」的群組來「分類」，這裡的第 3 張切片就無法放入此群組內。可是，若加上適當的標題，就能「發現」到「使用者即使漫無目的，也似乎有東西要買。」

　　關鍵技巧就是：不要建立過大的群組。雖然這充其量只是一個參考，但是就筆者的經驗而言，每個群組最多不超過 10 個切片。此時，若認為「使用者的理解過於雜亂。」乾脆先整個拆散。甚至出現只有一張便利貼的群組也沒關係。

　　請不必要求做得太正確（通常在此刻還不曉得什麼才是正確的！）而要盡量快速製作出小群組。

③ 把小群組整合成大群組，並且整理成圖

　　接下來，只著眼於小群組的標題。

　　和前面的步驟一模一樣，請以創造的方式建立群組，而不是分類。假如前面的步驟沒有寫出適當的標題，就無法順利執行這個步驟。此時，請試著改貼上其他標題。或者，在這個階段你可能會想修改小群組，這當然可以，請盡情修改。

　　接下來，請找出各個群組之間有何關聯性，再試著圖解。

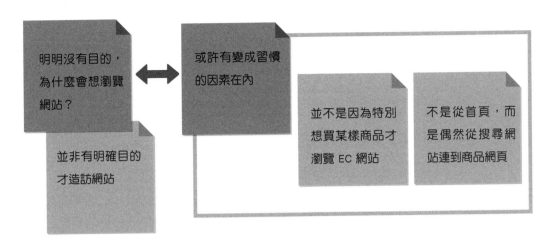

到此階段，你發現什麼了嗎？是不是看到，沒有什麼特別的事情要做，還是下意識每天晚上開電腦上網的使用者身影。還是回購商品時，能引發衝動購買其他商品的架構。或許，你可能忽略掉「雖然會定期衝動購買，但是心情格外愉快。」的切片，請將這張切片放入相同群組中。

④「變成文章，可以說明與解釋」

上面把內容整理成圖，已經能充分理解注意到的內容，這裡還要進一步執行「變成文章」的步驟，開始發揮親和圖法的威力。

試著將這張圖直接貼在簡報資料中，向沒有參與分析工作的人「說明」，即可徹底瞭解。你應該會發現，仍有許多沒有完美連結的地方，需要說明者即興發揮或補充。換言之，雖然每部分都注意到，但是整體的解釋與陳述仍不夠充分。盡量發現這種缺陷，再延伸發展的工作，就是「變成文章」。

以下就試著將上述範例變成文章。

> 使用者平常習慣開啟電腦，上網瀏覽 EC 網站，但是沒有特別想購買什麼或想尋找特定商品。不過，使用者會定期購買消耗品，有時會像順便一樣，也瀏覽其他商品。
>
> 另外，這種時候（一樣是像順便一樣）經常會衝動購買，使用者對這點，幾乎不會後悔，甚至還樂在其中。

這裡用黑色字體顯示實際的分析結果＝說明內容，用藍色字體代表分析者的推測＝陳述內容，以便用視覺化的方式來區別。

這種文章化的資料與原始資料不同，最重要的關鍵是，利用一個使用情境把乍看之下沒有關聯性的使用者行動或情感整合起來。這不是單一特殊案例，而是對任何使用者而言都會發生的普遍狀況。

接下來，要從與其他大群組相鄰的部分開始寫出文章，同時逐漸發展，補充多數不足的部分。轉換成文章時，可以找出多少不足的部分，這與發想廣度有直接的關係。不過更重要的是，從調查資料中發現到的事，並不是分析者的主觀或想像，而是真正來自使用者的內心，這些內容能輕易傳達給其他專案成員。由於這是使用者本人真正的欲望，所以其他人不會想反駁。

文章中請避免專業術語或業界行話，也不需要圖表。另外還有一個關鍵是，別只用口頭說明，請在A3 紙張上用粗筆寫出文章。使用者有哪種使用狀況、採取何種具體行動，覺得使用者在何處感受到價值或不滿，請把這些資料毫無遺漏地加入文章內。

如何？你是否注意到，似乎能用不同於以往的觀點，提出適合使用者的網站提案。

◇ 親和圖法是「用來發想、建立課題的手法」

到目前為止，你是否發現到，其實這不只是在整理資料。因為我們執行的工作是，一邊想像使用者不滿意的結構或行動因果，一邊創造出使用者本身無法用言語表達的新課題。

換句話說，親和圖法並不是重視名詞的分類法，而是注重動詞與形容詞的課題創造法。

試著檢視分析結果，尤其是最後當作成果來描述的文章，你一定會發現到，使用者本身幾乎不可能用這種方式，把真心話言語化、可視化、陳述化。請以「師徒制」的心態，從使用者的真心話中找出使用者本身沒有意識到的課題與價值。

◇ 進階技巧是「良好分析來自良好執行」

請試著回想一下，我們在分析工作中，處理的只不過是文字資料、一般的便利貼、畫在紙上的線條或範圍。這個階段的成果與組織整齊的 HTML 或原始碼不同，就算破壞，也不會造成嚴重損失。

事實上，單憑這個階段就要判斷分析工作是否成功，其實非常冒險。當然我們也可以加入判斷成功與否的指標，但是就筆者的經驗來看，與其過度講究每個步驟，不如快速進入下個步驟，進行驗證，再迅速訂正錯誤，工作效率會比較好，效果也比較好。

在我們輔導過的眾多諮詢案件中，從旁觀察到，越想以優秀（且創新）的策略不斷創造實績的人，我們反而越擔心他們會「在半途破壞分析結果」。動手的麻煩程度、寫出來的便利貼及丟棄便利貼的多寡，這些事情或許可說是分析工作，甚至是 UX 設計是否成功的重要指標。

◇ 不想無止盡地移動便利貼？此時需要「以時間區分」

還不熟悉之前，或許你會有這種疑慮「不論怎麼做，永遠都在移動便利貼，沒有止盡。」這種情況經常出現：即使想停止，但是之後重新檢視或顯示給其他成員時，又有新發現，而想修改分析結果。

此時，可以採用「以時間區分」的方法。雖然會覺得有點可惜，但是實際上，我們不可能完全分析所有資料。前面也說明過，建議完成到一定程度的分析狀態，就果斷進入下個步驟，如果還缺乏什麼元素，再修改分析結果，較能有效率地進行下去。

「完美理解了使用者！」這種誤解其實更危險，所以從累積的經驗中，要逐漸瞭解「停止的時機」。

5-7　分析資料的工具

實際做分析工作時，挑選工具也有技巧。只要在工具上稍微下點工夫，就可以幫助工作順利進行，請參考以下說明。

◇ 有助於定性分析的方便工具

便利貼

筆者常用的是 75mm × 75mm 的正方形便利貼。在分析工作中，是否能毫無壓力「反覆」黏貼，會大大影響分析品質，建議選擇 3M 製造的強力黏貼型便利貼。

另外，要先決定便利貼顏色的使用原則，尤其在多人進行分析時，特別有用。以下先介紹筆者常用的原則，提供給你當作參考。

黃色	橘色	藍色	粉紅色
切片	標題	標題	創意等

決定原則之後，就可以用便利貼的顏色，以視覺化方式，辨識現在進行到哪個階段，而討論對象在哪個階段。或者，「還不到粉紅色的階段，現在先徹底討論藍色部分吧！」像這樣，有助於簡化討論。

模造紙

　　雖然也有不使用模造紙，直接在牆上黏貼便利貼的方法，但是我想應該很難有貼在牆壁上，放著不用整理的辦公室環境。此外，調查資料有時也會包含個人資料（尤其是特殊資料），而且不見得能一次完成所有工作。就資料安全性的觀點來看，建議使用可以移動的模造紙（建議的尺寸是四六版，也就是 1091mm × 788mm）。

　　整理時，比起捲起來，用折疊方式較不會讓便利貼脫落。在折線上的便利貼會容易剝離，所以建議先在模造紙折出折線，貼便利貼時避開折線，花點工夫做這些細節，有助於減少反覆執行分析工作的壓力，也能產生積極進行分析作業的動機。在還不熟悉之前，可使用有格線的方格紙，也很方便。

水性筆（粗字／角芯）

　　筆者經常使用水性／角芯（方尖）的粗筆。請想像在書店或超市看到，用來書寫 POP 的粗細即可。便利貼也要注意盡量用大字書寫。要讓任何人都可以用相同的距離感來瀏覽、檢視貼在牆壁上的眾多定性資料，這點很重要。有些人討厭油性筆的異味，若是在室內工作，也要特別留意。

創造機會運用在工作上的方法

偷偷練習	試著運用在部分工作上	邀請客戶加入
★★	★★	★★★ （★★★★）

如何開始「偷偷練習」？

請從私人領域開始練習

如同本章開頭的說明，使用者調查就算一個人偷偷練習，也能變得愈來愈厲害。習慣之後，我想一定可以發揮自己扮演的角色，有信心說出「使用這種問法，對方就會暢所欲言！」

換句話說，經驗很重要。可以製造多少輕鬆訪談的機會固然重要，但是剛開始時的關鍵是，要放鬆心情，不要緊張（請對方也不要緊張）。筆者在教育新訪談者時也告訴對方，調查時，請改用「午餐聚會」這個名詞，別說是採訪。

另外，先選擇「朋友」當作訪談對象。就算失敗也沒關係，在這種環境下開始，將成為最初的突破點。

如何「試著運用在部分工作上」？

試著善用和同事一起的午餐時間

這次請試著從「同事」或「前輩」中，尋找使用者而非朋友，同樣進行訪談，當作偷偷練習的延長戰。

利用前所未有的調查，獲得新成果，就結論來看，也能成為最有效果的行銷活動。假如花了很大的心力在說明手法的定義及有效性上，讓對方看見現場及實物，並且參與、體驗流程，會比較能順利導入，而且往往都能獲得驚人的成果。

在結束分析之後，「其實前一陣子在午餐時，問你的內容，我做了分析……」請帶著謝意，向對方說明分析結果。我想對方一定會感到很驚訝吧（不過要告訴對方前，請思考當時情況，必須是「即使找出真心話，也不會惹惱對方的主題」）。

如何「邀請客戶加入」？

不光是結果，也要徹底展示「過程」

這種調查法是以「發現」為目的，卻與一般市場調查不同，沒有以數字說明的明快性，很難向客戶傳達其重要性。

就筆者的經驗而言，結果會變成無法使用的調查，原因主要是溝通時「只告知結果，打算之後再說服對方這是正確的」。而且越是令人驚訝的發現，客戶越可能出現否定的反應。

如果要邀請客戶加入，取得認同，變成真正有用的使用者調查，就要努力做到「公開調查及分析過程，傳達出從調查到發現真正需求的路徑的確環環相扣。」雖然有些客戶可能會提出「隨便你怎麼做，我們只要報告結果就好！」但是身為專家的你，請讓對方徹底瞭解「這樣將無法清楚傳達結果的重要性」。

使用者調查的「案例介紹」

以下要介紹筆者的團隊實際執行過的使用者調查案例。輕量級是以部分業務來進行的案例，而重量級是與客戶一同參與，超越「起始線」的案例，其實這是一個連續性的專案。不是突然進行重量級調查，而是分階段，逐漸讓客戶理解，獲得效果的案例。

【輕量級】使用者調查的案例與流程

〈專案資料〉

期間	全部人力	編制
2 週	5 人日	3 名

〈目的〉

客戶為了想出提高 EC 網站使用者人數的方法，而找我們商量，希望製作掌握目前使用者使用狀況的顧客旅程地圖（參考第 6 章）。身為顧問團隊，我們認為首先需要調查的，不是 EC 網站個別的使用狀況，而是要調查使用者的前後行動。由於無法臨時執行這種需要額外花費成本的調查，所以就在公司內部尋找使用者，利用午餐時間，進行簡易訪談與分析，當作諮詢提案的基本資料。

〈流程〉

客戶提出諮詢	使用者調查 （收集資料）	使用者調查 （分析資料） ※公司內部 ws	製作分析 結果的報告及 提案書	提案正式 成案，接案、 著手執行
傾聽客戶、取得 商業上的課題及 目的	訪談 5 名有 EC 網站使用經驗的 公司內部成員	由提案團隊之中 的 3 名成員執行 專題討論分析	除了當初諮詢的 範圍外，也提出 使用者調查當作 選項	包含選項在內， 取得客戶許可， 正式接案

〈重點〉

在使用者調查的性質中具有「一定要實際操作，否則不曉得會發現什麼」這一面，面對這種未知的情況，如果突然要客戶決定花預算去執行，我想會有困難。因此，建議先以簡易手法與最低限度的人力，做免費的「試驗調查」，展示部分成果，讓客戶理解「這是必要的工作」。

像這樣，在數天內一氣呵成，做到以親和圖法分析使用者調查（訪談）的結果。在保留客戶當初提出製作「顧客旅程地圖」的彈性狀態下，於提案階段展示「模擬成果」，獲得客戶認同後，即可承攬案件。

【重量級】使用者調查的案例與流程

〈專案資料〉

期間	全部人力	編制
2 個月	20 人日	3 名（加上 30 名客戶）

〈目的〉

根據前述的提案內容，與客戶達成協議，客戶也必須參與使用者調查的流程，由聯合團隊一鼓作氣執行專案，完成訪談、分析、顧客旅程地圖。把過去無法掌握到的「徹底瞭解在 EC 網站使用狀況中，使用者『高興』與『失望』的部分」當作專案目的。

〈流程〉

調查主題、重新設計、調查設計	使用者調查（收集資料）	分析專題討論設計及組成團隊	執行分析專題討論 3 小時 × 4 次	根據分析結果建立新對策
以簡易調查獲得的發現為基礎，重新設定調查的主題	執行一般使用者的固定樣本連續調查（10 名）	由專業團隊設計出與客戶合作的分析專題討論	進行共計 30 名，分成 4 個小組的分析專題討論	獲得大量發現，運用在改善 EC 網站功能及提供新服務等方面

〈重點〉

成為只做調查的大型專案。這裡使用的各個手法不過是組合標準手法的結果，但是此專案會成功，最大的因素就是花了非常多的心力在建立與客戶合作體制的溝通設計及團隊編制等「團隊設計」上。

6章

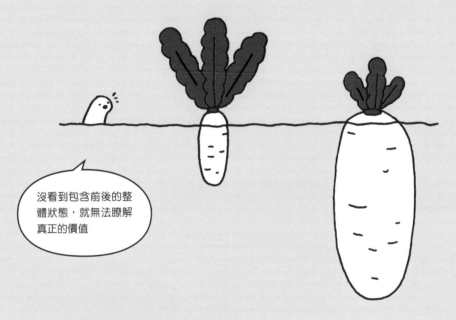

沒看到包含前後的整體狀態，就無法瞭解真正的價值

運用顧客旅程地圖
將體驗視覺化

上一章我們學到利用親和圖法，找出使用者沒注意到的本質欲望等真心話。本章要學習製作連初學者也能懂的「顧客旅程地圖」，其中含有使用者隱性知識的行動與心理，會連結網站內及日常生活中的整體顧客體驗，將各點連結成線（因果）並加以視覺化後，描述出使用者的「現狀」。

written by 佐藤 哲（IMJ Corporation）

何謂顧客旅程地圖？

「顧客旅程地圖」是用視覺化的方式來表現產品或服務、網站等「使用者的整體體驗」。顧客旅程地圖中會包含特定人物在使用產品或服務的使用前、使用中、使用後的狀況，以及他的行動、思考、情感、與體驗有關的資料、人物、場所、媒體、裝置等各式各樣的元素。最典型的作法是，會將顧客體驗變成一張可以俯視整體狀態的地圖。

製作顧客旅程地圖的最大目的，是將使用者的體驗視覺化，以便俯瞰使用者的行動，才能發現網站、產品或服務需要改善的課題，成為新企劃提案的提示或改善線索。

製作顧客旅程地圖的過程最近特別受矚目，這能成為客戶與專案全體成員能以使用者觀點來進行討論的基礎，大家可以消弭部門或組織之間的隔閡，重新審視產品或服務，達成共識。

顧客旅程地圖的顯示範例

一般而言最常見的顧客旅程地圖，是依照時間序列（步驟）記錄使用者的「接觸點」、「行動」、「思考」、「情感曲線」等。其他也有以資訊圖表來顯示主要部分的情況。

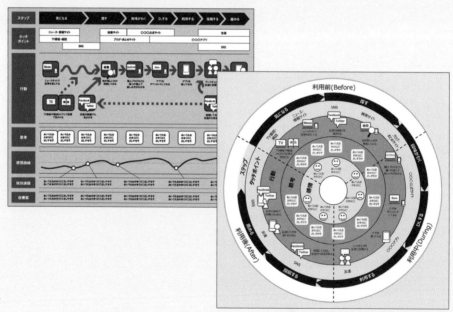

也有圓形的循環形狀，沒有固定格式

將顧客旅程地圖運用在工作上

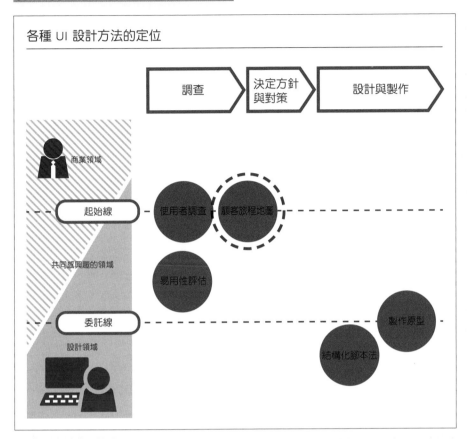

各種 UI 設計方法的定位

顧客旅程地圖最近也開始運用在行銷方面的文章脈絡上，需求也逐漸增多。雖然橫跨在「起始線」上（也經常聽到客戶自費製作的案例），但是遇到要思考如何與策略計畫結合，或期待資訊圖表式的整合方法時，由客戶委託製作團隊規劃的情況也逐漸增加。

〈運用在工作上的難度〉

偷偷練習	試著運用在部分工作上	邀請客戶加入
★★	★★	★★★ （★★★★）

如果你有使用者調查或分析的經驗，我想在「試著運用在部分工作上」的階段會比較容易執行。假如要提升等級，製作顧客旅程地圖，建議你先累積專題討論的設計、簡化技巧與經驗，再邀請客戶加入專題討論。

6-1 需要製作顧客旅程地圖的理由

製作網站的顧客旅程地圖時，請先記住，在使用者的生活中，並非只以上網為主，他會接觸到各式各樣的媒體，與形形色色的人對話，在各種商店瀏覽或購買商品。

◇ 有網站但是使用者沒有採取行動

事實上，只要詢問使用者平常如何使用網站，通常會讓我們這些網站工作者茅塞頓開。

受測者提出許多直接的意見

這是因為 IT 業界或網站相關人員在思考網站時，往往是「以網路為主、以公司網站為前提」。

建議以「使用者應該不可能突然特地來看本公司的官網」、「使用者是在這種情境上網吧！」等自問自答，檢視公司官網的使用者行動整體狀態及前後關係，當作製作顧客旅程地圖的準備工作。

6-2 製作顧客旅程地圖時使用的調查

如果要將使用者的「現狀」視覺化為顧客旅程地圖，必須調查、掌握使用成為主題的網站、產品或服務的前後顧客體驗狀況。

◇ 如何執行顧客旅程地圖用的調查

一般而言，單憑和市調一樣的定量調查，或網站存取分析等調查資料，仍無法掌握對每個使用者的真實行動、真心話或情感面等。

6章 ▼ 運用顧客旅程地圖 將體驗視覺化

在做顧客旅程地圖的調查時，要配合定量調查的資料，執行 5-1 的「訪談」等調查方式，收集到具體的定性資料，便可以進一步提高精準度。

EC 網站的調查項目（例）	EC 網站使用前	EC 網站使用中	EC 網站使用後
狀況	造訪 EC 網站前的狀況？	造訪 EC 網站時的狀況？	造訪 EC 網站後的狀況？
接觸點	接觸過的媒體或人是？瀏覽過的其他網站是？造訪過的實體門市是？	是經由哪個網站來訪？瀏覽過的其他網站是？	接觸過的媒體或人是？瀏覽過的其他網站是？造訪過的實體門市是？
裝置	接觸過的媒體或瀏覽過其他網站的裝置是？	瀏覽過 EC 或其他網站的裝置是？	接觸過的媒體或瀏覽其他網站的裝置是？
時間	使用的時段？	使用 EC 網站的時段？	使用的時段？
場所	使用的場所？	瀏覽 EC 網站的場所？	使用的場所？
商品	想購買的商品是？	挑選了何種商品？	購買的商品是？
資訊（網站、社群媒體等）	在網路上找什麼資訊？	在 EC 網站找什麼資訊？	購買商品後，在網路上找什麼資訊？
資訊（大眾媒體、門市等）	在網路以外的地方，獲得的資訊是？	除了 EC 網站，有獲得了網路以外的資訊嗎？	購買商品後，在網路以外的地方，獲得的資訊是？
目的	想購買商品來做什麼？	在 EC 網站想要做什麼？	購買商品後做了什麼？
理由	為什麼想購買商品？	為什麼想在 EC 網站買？	為什麼購買了商品？
行動	為了要購買商品，發生了什麼事？	在 EC 網站中如何瀏覽？	在購買商品之後，發生了什麼事？
心理、情感	當時的心情是？	使用 EC 網站的心情是？	當時的心情是？

如同使用前、使用中、使用後，依照時間軸收集資料

6-3 試著製作顧客旅程地圖

收集到製作顧客旅程地圖的調查資料後,接下來要設想這趟旅程的主角是何種人物。

◇ 先設想主角的形象

建立簡易人物誌。本章設想的案例是,使用「購物中心網站」的使用者。

如下圖所示,如果只是要建立簡易人物誌,可向同事或朋友請教「購物中心網站」或是「購物中心實體門市」的使用狀況,30 分鐘就行了,請追根究底詢問對方,收集資料。

就算主題是網站,也要瞭解對方的生活方式、生活狀態、興趣等,寫出簡易人物誌的人物印象。

肖像／照片與標語	基本屬性
☺ 喜愛車子與孩子的全職奶爸	姓名:鈴木 年齡、性別:29 歲(男) 居住地:千葉縣千葉市 家人:妻子與 2 歲、4 歲小孩 職業:網站總監
與○○有關的行動特色 · 平常大部分都在位於住家附近的購物中心購物。 · 小孩還小,會隨身攜帶嬰兒車。 · 去購物時都會攜帶嬰兒車與許多物品,所以都自行開車。 · 最近,網購的次數增加了。	**與○○有關的目標** · 去購物中心的目的是購物,但是想自行開車前往。 · 因為平日工作忙碌,因此週末會在購物中心和家人一起看衣服或吃飯,希望享受這種毫無壓力的幸福時光。

顧客旅程地圖用的簡易人物誌範例

◇ 將調查資料寫上便利貼並依時間順序排列

顧客旅程地圖所使用的定性調查資料,無論是訪談結果或是市場調查的回答、田野調查的記錄等,一般皆以文章形式居多。請利用公司會議室的白板、大型模造紙等較大的面積來做以下練習。

當你覺得貼上去的便利貼，其前後關係或關聯性有問題時，請重貼或重寫便利貼上的內容。在反覆修改的過程中，一定能看到可以認同的顧客旅程地圖。

1　區分成「步驟」、「接觸點」、「行動」、「思考」、「情感」。

2　試著想像「簡易人物誌」的人物將如何行動，在「行動」的框內貼上寫著調查資料中關於行動部分的便利貼（黃色）。

3　試著想像「簡易人物誌」的人物將如何思考，在「思考」的框內貼上寫著調查資料中關於思考部分的便利貼（綠色）。

4　看過「行動」與「思考」的過程之後，把大致掌握的「步驟」寫在便利貼（藍色）上。

5　把出現在各個步驟中的人物、店面、網站當作「接觸點」，寫在便利貼（橘色）上。

6　最後，想像「簡易人物誌」的人物心情起伏，用曲線來描繪「情感」。在曲線的高低處，加上當時的心情。

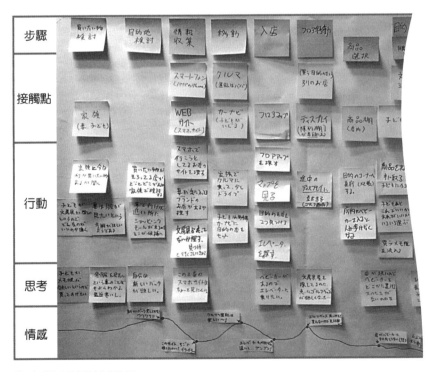

使用便利貼來思考顧客旅程地圖

◇ 以多人專題討論的形式來思考

　　雖然一個人也可以思考顧客旅程地圖，但是最理想的狀態是，邀請幾名專案成員或公司同事，一起花幾個小時，以專題討論形式來進行。

　　這是因為在調查資料中，使用者行動及思考其實非常多樣化，很難單憑個人的知識或經驗來判斷，想要整合成顧客旅程地圖，需要耗費許多人力。若有多人參與討論，運用眾人的知識，可以提高顧客旅程地圖的分析客觀性與精準度，因此請務必邀請別人一同參與討論。

建議使用大型會議室的寬敞牆壁，如果無法在牆壁上黏貼膠帶，也可以和右邊的照片一樣，貼在「窗戶玻璃」上

6-4　解決「現狀」問題的顧客旅程地圖

　　俯瞰「現狀」的顧客旅程地圖，在連結各點的線（前因後果）之中，可以看出主角正在飽受困擾的模樣，有時還能發現連主角自己都還沒注意到的需求。

◇ 俯瞰整體使用者體驗並找出問題點

　　根據調查內容思考出來的顧客旅程地圖，可以說是將主角體驗的「現狀」視覺化後的結果。

　　我們可以從中篩選出主角現狀中體驗到的問題，試著製作出解決問題型的顧客旅程地圖（有些案子是要從使用者的本質價值中描繪「應有狀態」的顧客旅程地圖，由於難度極高，本書省略不提）。

　　試著俯瞰整體的現狀體驗，就會找到主角從旅程（Journey）開始到結束，並非隨時都是最佳體驗，偶爾會有不滿意或困擾等重點式問題。例如，當主角在購物中心的實體門市購物時，應該要享受購物樂趣，但是情感曲線卻下降了，那就要分析購物當時以及前後發生了什麼事，應能找到可能的原因。

　　另外，有時也會出現另一種狀況是，即使主角認為現狀是理所當然，情感曲線也沒有下降，其實卻應該要有更好的體驗才對。這種問題難以察覺，例如在 EC 網站提問後，經過幾天才獲得答案，主角以為這很正常。可是他卻沒有發現，只要打電話詢問，就可以立刻解決問題，其實可以縮短時間。

找到認為有問題的地方，請別光用說的，要像下圖一樣，在成為線索或事實的便利貼畫上紅圈，並且在顧客旅程地圖下方，把問題變成文章，寫在便利貼上，加以視覺化。

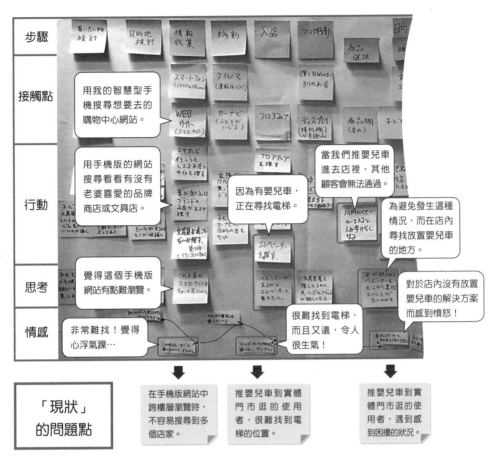

「現狀」顧客旅程地圖中的問題，請把可成為佐證的便利貼特別圈起來，或用別種顏色，以文章形式清楚寫出問題

◇ 描繪出改善問題後的顧客旅程地圖

將表示「現狀」的顧客旅程地圖的問題全部找出來之後，接著要討論解決問題的方案。假設在瀏覽網站或在實體門市購物時，出現情感曲線下降的部分，就思考怎麼做才能改善，這樣很容易瞭解吧！想到幾個解決問題的方案後，請在「現狀」顧客旅程地圖上黏貼便利貼並寫上去，工作效率比較好。

為了製作出解決問題的顧客旅程地圖，完成新體驗流程之後，請再檢視從旅程開始到結束的過程。最重要的是，至少要一邊想像主角的心情，一邊判斷改善方案是否能夠減少不滿，可以順利行動等。若以多人專題討論的形式來分析，彼此交換意見，應該可以察覺更深層的原因或檢討改善方案。

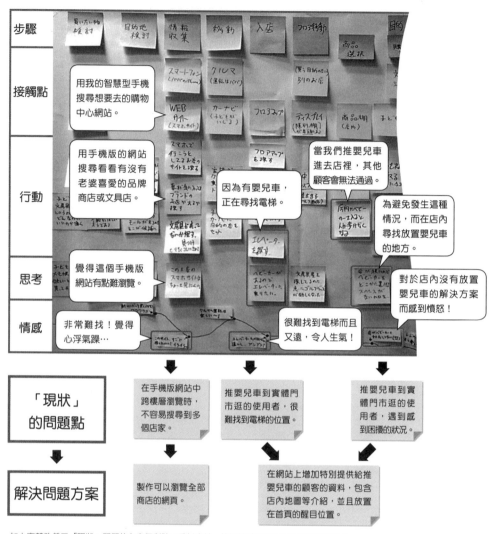

加上寫著改善了「現狀」問題的內容便利貼，重新畫線，檢視情感曲線出現何種程度的變化

　　思考解決問題的流程時，有時也會出現一種情況是「百分百滿足使用者需求，企業卻無利可圖」。因此請在使用者與企業的需求之間找出平衡點。

6-5 製作顧客旅程地圖的工具

　　顧客旅程地圖沒有固定的型態，但是若從零開始製作會非常花時間。建議請使用本書提供的範本，試著編排出屬於你個人風格的顧客旅程地圖。

◇顧客旅程地圖謄寫用範本

　　把用模造紙與便利貼製作的顧客旅程地圖拍照，改用影像檔案來分享討論成果，是最省力的作法。可是有時執行專案時，也必須將顧客旅程地圖手寫成資料格式，與相關人員分享，提供給客戶。

其實，在製作顧客旅程地圖時，並沒有固定的謄寫原則或描述規定，是由個人或各公司自行製作。雖然也有些案例是由設計師負責謄寫，製作出具有美感、品味的圖形化地圖，但是一般而言，多數都是由企業的網站負責人員或製作公司的總監等人負責製作吧！因此，本書幫大家準備了謄寫顧客旅程地圖用的 PowerPoint 範本，可下載使用。

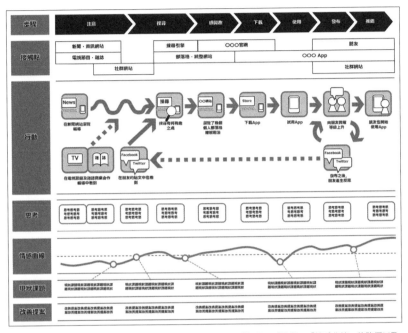

顧客旅程地圖的範本。基本結構是由代表「步驟」、「接觸點」、「行動」、「思考」、「情感曲線」的路徑以及「現狀課題」與「改善方案」等文字描述的路徑所構成

顧客旅程地圖的圖示範例。顧客旅程地圖最大的目的是將體驗及行動視覺化，所以可運用如上圖的圖解化圖示，讓檢視者能快速且直覺地瞭解含意

上面這些圖示若要從零開始製作，會很花時間，因此我們也放在範本中供你使用，以 PowerPoint 的圖形組合而成，請自由使用，你也可以解散群組並做適當的編排。

請到以下網址下載。

URL　http://www.flag.com.tw/DL.asp?FT810

創造機會運用在工作上的方法

偷偷練習	試著運用在部分工作上	邀請客戶加入
★★	★★	★★★ （★★★★）

如何開始「偷偷練習」？

　　如果手邊有使用者調查的資料或分析結果，即可先根據該部分開始練習。假如沒有，請試著從 5-1 的「使用者調查」開始嘗試。

如何「試著運用在部分工作上」？

　　顧客旅程地圖是非常普遍的用語，實際嘗試時，我想應該可以讓你的主管抱持著正面態度。

　　請先充分收集與專案有關的實際資料（包括定量資料、定性資料），再開始執行。假如順利完成，當然也會想顯示給客戶瀏覽，不過若是論證薄弱的顧客旅程地圖，往往容易被認為只是主觀強烈的假說。

　　另外，在描述應有狀態時，請妥善控制，避免過度超過「起始線」而造成無法收拾的情況。為了避免專案沒有效果，變成空談，究竟要以多大的範圍來思考才好？在邀請客戶加入之前，請先在公司內部進行評估。

　　例如，思考寵物用品 EC 網站的顧客旅程地圖時，可以先描述與實體門市的區別及競爭網站的關係，這是既定的路線。但是如果過度擴大範圍，例如除了買賣寵物用品，可能也要買賣動物嗎？或飼養寵物的定義是什麼？可用其他價值取代寵物帶給人類的療癒感嗎？範圍過大的主題，單憑顧客旅程地圖的因果關係，也無法討論出來。

　　但是，從中長期來看，請積極以跨越「起始線」為目標（我們作者群也很希望達成此目標。因為做 UX 設計本來就是想從使用者的觀點，提出誰也不曾想到的「使用者本質需求」！）。

如何「邀請客戶加入」？

　　請根據自行製作的顧客旅程地圖，邀請客戶參與，把顧客旅程地圖變得更具體。另外，最近也聽過有人想要跳過使用者調查，直接製作顧客旅程地圖（或已經試著製作過）。相對來說，這不光是製作顧客旅程地圖，也是試著提出、執行使用者調查的好機會，請妥善把握機會，多累積經驗。

邀請客戶至製作顧客旅程地圖的現場

顧客旅程地圖是用專題討論的形式，一邊分析各種調查資料，一邊視覺化，並用一張地圖來俯瞰多種元素。因此，對初次看到的人而言，資料量太多，只看一眼會很難理解。此外，對於沒有參與專題討論的相關人員而言，若只看到完成結果，有時會覺得「事不關己」。

可能的話，可邀請客戶端的負責人員一起參與專題討論，或請對方觀摩專題討論，並且提供意見，讓對方把思考顧客旅程地圖當作是「自己的事」。

在完成版之前，可先分享假說版的顧客旅程地圖，請求協助

話雖如此，如果是由製作公司製作顧客旅程地圖，再提供成果的情況，其實很少立刻邀請客戶加入專題討論。若是這種情況，可在完成版之前先提出假說版的顧客旅程地圖「草稿」，與客戶討論。

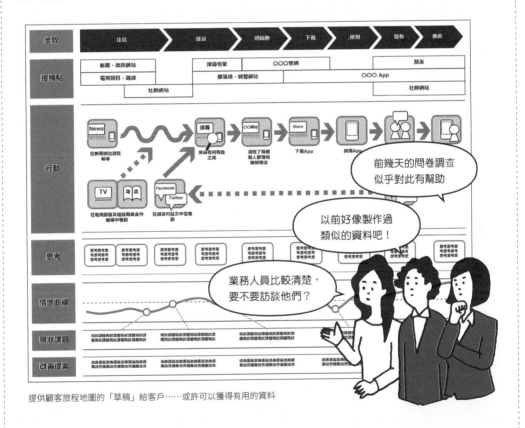

提供顧客旅程地圖的「草稿」給客戶……或許可以獲得有用的資料

「我們試著製作了顧客旅程地圖，這就是完成示意圖。如果有熟知貴公司網站或商品的人，知道某些事實或定量、定性調查資料，麻煩請提供給我們，以詳細規劃顧客旅程地圖。」建議向客戶提出這種要求，有時就能順利進行。

客戶端的負責人員，應該比誰都仔細思考過自家公司的網站、產品或服務，請他們提供已經具備的知識或資料，就像是「他們自己的事」。另外，由於不是完成版，比較容易陳述意見，而且在顧客旅程地圖中，若有包含負責人員提供的事實，還可以增加對方的認同感。

　　若把最後完成的結果變成資訊圖表，轉換成可以與其他部門或主管分享的形式，就連結下個步驟的意義來看，會更加適合。

顧客旅程地圖的「案例介紹」

　　在網站製作及數位行銷的現場，需要製作顧客旅程地圖的專案越來越多了。以下要介紹其中 2 個實際的案例。

【輕量級】顧客旅程地圖的案例與流程

〈專案資料〉

期間	全部人力	編制
1 週	2 人日（16 小時）	總監 × 3 名 設計師 × 1 名 （公司內部訪談者 2 名）

〈目的〉

在客服網站的專案中，把透過簡易調查獲得的使用者體驗案例視覺化，顯示給初次製作顧客旅程地圖的客戶，建立基本結構，用來討論今後應該具體執行何種調查。

〈流程〉

〈重點〉

由於不能花預算，所以找公司內部員工訪談與客服有關的網站使用經驗，收集定性資料，在公司內部進行專題討論，製作出顧客旅程地圖。

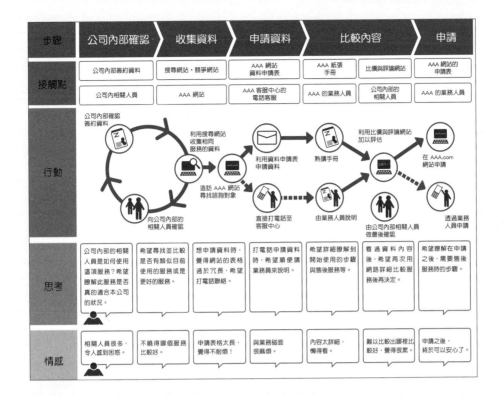

【重量級】顧客旅程地圖的案例與流程

〈專案資料〉

期間	全部人力	編制
2 個月	40 人日（320 小時）	總監 × 1 名 創意總監 × 1 名 調查人員 × 1 名 HCD 專家 × 1 名 （由調查公司提供的訪談者 5 名）

〈目的〉

想知道使用者如何挑選家電產品、如何使用品牌官網，釐清挑選家電時的使用者體驗現況，並描述客戶的產品網站應有狀態。

〈流程〉

〈重點〉

把一般的顧客旅程地圖變成客製化，重新設計挑選家電產品時，非常重要的「候選製造商機種」路徑，在專案主題「商品」中，更具體地描述具有真實性的使用者體驗。

	契機	收集資料	挑選候選者	購買	開始使用
步驟	契機	收集資料	挑選候選者	購買	開始使用
接觸點	家中客廳	比較網站 A / 各製造商官網	同事 A、同事 B / 販賣店 A、販賣店 B / 型錄 / 家人	比較網站 A / 販賣店 A	家中客廳
行動		調查預購及排行榜 / 大致檢視各製造商的特色、功能	詢問同事、使用哪個部門製造商、性能及功能如何 / 詢問店員與同部門機種比較好 / 詳細檢視型錄 / 與家人討論	再次調查預定購買的機種 / 告訴店員機種，再次聽取說明	自行安裝
思考	家電 ●●開始出現問題，必須立刻挑選新產品	知道行情了 / A 公司的網站比較容易瞭解 C 公司的網站很難看懂 / 還個價格內的產品好不好呢	總之先拿型錄回家 / 使用者的意見十分值得參考 / A 公司的型錄比較容易看懂	口碑都還不錯	新產品比原本的好用
情感	遠個製造商真糟糕，明明是最近才買的…（怒）	我想購買 A 公司或 B 公司的產品	雖然對方推薦，仍覺得想擔心… / 感覺 A 公司的選不錯 / 希望家人不會反對 / 獲得家人同意，太好了	看了評價後，覺得安心了 / 比想像中便宜！太幸運了！	有了新家電，覺得很開心！
候選製造商機種	◎A 公司、○B 公司、△C 公司、×D 公司（現在使用中）	○A 公司、○B 公司、△C 公司、×D 公司	鎖定 ○A 公司、○B 公司具體型號 / 鎖定 ○A 公司、○B 公司	鎖定 ○A 公司的型號	

6 章 ▼ 運用顧客旅程地圖 將體驗視覺化

7章

使用者塑模

執行到目前為止，我們終於看見了使用者的真心話。這是用文章
陳述未曾發覺的行動類型、覺得有價值的重點、不滿意的結構，
並獲得能描繪使用者形象的各種定性資料。本章要介紹的是，把
使用者輪廓變成「具體的使用者形象」，讓專案成員能徹底瞭解的
同理心人物誌製作方法。由於這種方法是以多人參與、執行專題
討論為前提，比較適合稍高階者，但是只要試著執行一次，立刻
就可以理解該方法的有效性，請務必好好學習並實踐。

written by 太田 文明（IMJ Corporation）

統一專案成員的觀點

我想你應該常在專案中聽到「使用者形象」這個名詞。這個詞是非常重要的關鍵字，說明使用者是哪種人。但是實際上卻常出現難以掌握的情況，例如是否提到年齡與性別，或服務的使用頻率等，並沒有固定的格式。這種認知偏差，在專案中可能產生致命的失誤，因此統一專案成員的觀點，是這裡必須先注意到的部分。

◇「使用者塑模」這個「翻譯工作」的重要性

一般在執行專案時，會製作各式各樣的文件。從需求定義文件開始，到逐漸深化描述，完成設計書及規格書，到最終成果（畫面設計及程式等），這個過程也稱為「瀑布模型開發」。

在這種按照順序製作商品的流程中，表現方法、用詞、分量會隨著各步驟的進展而逐漸變化。這是因為每個步驟的成員都不同的緣故，所以必須使用對每位成員而言最適當的表現方法，徹底傳達要做的事情，並讓對方理解。

其中，重點就是找出「對該成員最適當的表現方法」。例如設計師與工程師的工作內容不同，但是若忽略兩者的差異，就會發生問題，例如「以對方聽不懂的話傳達訊息」、「想傳達訊息，卻沒有傳達過去」之類的溝通失敗，等看到成果之後，才會大吃一驚。就筆者的經驗而言，大吃一驚的原因幾乎都不是對方的問題，而是自己、傳達者的失誤所引起的。這種情況筆者就定義為「翻譯失誤」。

因此，我們需要確實「翻譯」出零失誤、可以傳達給對方的用詞，亦即「對該使用者而言最適當的表現方法」。這點不僅適用於大型專案，也同樣適用於少數人執行的小專案。不仰賴心電感應的無形關係，而是要仔細翻譯，確實建立傳達方法，就能防範翻譯失誤。

使用者塑模（User Modeling），就是指徹底將使用者形象傳達給下一個步驟的翻譯工作。

◇ 使用者形象是最難傳達的訊息

例如，在執行專案時期，有時客戶會提供調查資料或報告。看到龐大的調查資料，你是否曾感覺「雖然能理解上面寫的內容，但是接下來該怎麼做？」或者，每個人對資料的解釋不同，或每個人的解釋彈性太大，而感到「不同人的觀點竟然有這麼大的差異啊！」

這是從調查階段開始，進入下個需求定義、設計的階段時，沒有適當的翻譯，而引起的翻譯失誤。在專案中，並不需要無法連結下個動作、讓下個動作產生迷惘的資料，這種資料其實有害無益。

另外，第 5 章介紹過的調查或分析成果，儘管原本是詢問「為何、要製作什麼？」的重要成果，我們也必須瞭解，這是無法立刻簡單傳達的內容。換句話說，與其他步驟相比，要更重視翻譯工作，盡力避免翻譯失誤，確實傳達才行，這點非常重要

如果沒有確實傳達該步驟的成果，在各個步驟中的使用者形象，就會逐漸變得模糊。因而產生每個成員看到的使用者形象都不一樣，或是妄加解釋、產生錯誤的共鳴，甚至以為自己已經瞭解使用者等偏差的方向。這種辨識偏差將隨著專案執行而逐漸擴大，越來越難回到正軌。

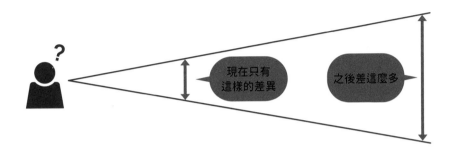

◇ 以最低限度的人力確實傳達「同理心人物誌」

使用者塑模，顧名思義是「製作＝建立」使用者模型的工作。在製作完成時，可以看到「使用者」這個模型的完成品，並且能確實將使用者形象分享給其他成員，這就是此項工作的目標。

世上有各種使用者塑模方法，本書要介紹的是，在小〜中規模的網站製作專案中，可以簡單使用，且最容易產生效果的方法：「建立同理心人物誌」。

MEMO

前面的章節已經說明過「人物誌」。與本章的差別在於，前面的「簡易人物誌（Pragmatic Personas）」是沒有根據調查或分析資料的虛擬結果；而本章介紹的是，使用了實際資料的真實使用者形象。簡易人物誌大部分用於敏捷式開發（Agile Development），以頻繁更改與替換為前提；而本章的同理心人物誌是以長期使用為前提，縝密製作而成，這是兩者最大的差別。實際製作時，建議配合專案規模、目的、階段，選用適當的人物誌。無論如何，製作人物誌是非常重要的事情，我想你應該瞭解這一點。

7-2 何謂人物誌？

為什麼必須以「人物誌」的型態釐清使用者形象？因為我希望你在製作網站時，可以一邊思考真正需要的資料是什麼，一邊學習新表現方法「同理心人物誌」的作法。

◇ 製作可以引起共鳴並當作目標對象的「人物誌」

製作人物誌有以下兩個目的。

▶掌握使用者現在正在做什麼＝描述現在
▶掌握使用者今後會變得如何＝描述未來

製作人物誌，是為了讓全體專案成員一起思考上面這兩個目的，而不是為了需要有描述的對象，而捏造一個不曉得在何處的虛擬使用者。

另外，如果只是純粹在範本中填入內容，也無法產生可用的人物誌。到目前為止的調查及分析中，如果我們瞭解到使用者有意想不到的欲望並採取行動，接著如何和使用者產生「共鳴」就很重要。

因此，有別於坊間介紹的人物誌製作方法，本書要介紹的是，以「同理心地圖 (Empathy Map)」當作基礎，以革新遊戲 (Gamestorming) 手法聞名的「同理心人物誌」。

「革新遊戲」是指利用遊戲的結構及外觀，提升團體工作或專題討論效率的思考方法。例如，想提出創意、想找到解決複雜問題的線索時，就依照各目的，想出許多短時間內可以執行的手法＝遊戲。市面上甚至有出版集結這些遊戲的書籍。下面的這本書中介紹了在專題討論時或在沒有專業引導者的現場，也可以讓「革新遊戲」發揮效果的方法，有興趣的讀者請務必閱讀。

革新遊戲 Gamestorming
共同著作：Dave Gray, Sunni Brown, James Macanufo
翻譯：褚曉穎
出版社：碁峰 (2015 年)
ISBN：9789862764206

※「Empathy Map (同理心地圖)」是參考了 XPLANE 的 Scott Matthews 提出的說法

◇ 在同理心地圖中加入實際調查、分析的資料

首先要介紹的是「同理心地圖(Empathy Map)」。這是指使用如下的範本，由多位成員進行專題討論，探討使用者的內心、獲得共鳴的團體工作方法。

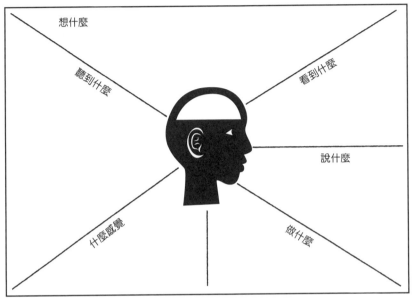

想什麼

聽到什麼

看到什麼

說什麼

什麼感覺

做什麼

同理心地圖的基本範本

同理心地圖分成以下區域

▶ 看到什麼 (SEEING)
▶ 說什麼 (SAYING)
▶ 做什麼 (DOING)
▶ 什麼感覺 (FEELING)
▶ 聽到什麼 (HEARING)
▶ 想什麼 (THINKING)

　原本製作同理心地圖時，是像腦力激盪般，把「參加者想到的事情」陸續寫上便利貼，貼到上面的區域，但是同理心人物誌卻是使用同理心地圖的範本，貼上「實際調查、分析結果的資料」。

　以下要一邊介紹實際在專案中製作的同理心人物誌一邊說明。在描述、製作時，請注意以下 3 點。

是否有根據實際的調查資料或分析資料？

　原本同理心地圖的用法，是以專題討論的形式，從參加者的經驗中輪流想像、描述，但是這裡卻是把前面的調查、分析結果，大量填入各個區域，讓真實的使用者形象與行動變得具體鮮明。假設這裡出現了很難填寫的區域，也可以當作是「找到必須深入調查的部分」並正面看待。至少要根據調查，使用實際的定性資料。

文章量是否豐富，可以描述使用者的行動背景與心理？

在第 4 章介紹過的結構化腳本法中，把使用者的價值、行動、操作等具體腳本變成文章。此時，請把這裡製作出來的人物誌當作依據，隨時回頭檢視。製作同理心人物誌時，請不要簡化或省略，要一五一十地描述。

與專案目的及調查主題的關聯性是否有變清晰？

不用說，描述必須符合專案的目的。在專案的後續工作中，要避免不必要的寫法，例如只是寫出「興趣是騎自行車，每週練習騎 100km」這種表面性的描述，也對設計毫無幫助；但如果變成「每週至少騎 100km 的練習，這種嚴格態度成為這位使用者的行動根據。」包含這種事實的背景或理由的描述，能成為預測這個人物誌遇到今後的某個狀況時，將會做何反應與行動（或不行動）的判斷基準。

◇ 同理心人物誌的製作方法

接下來，終於要將人物誌變成圖表。

首先，把到第 6 章為止分析完成的調查資料，填寫到此同理心人物誌中。將資料寫在便利貼上，分類成同理心人物誌的 6 個區域，並且陸續貼上去。由於是根據事實的資料，所以應該大部分貼在除了「想什麼」之外的區域。

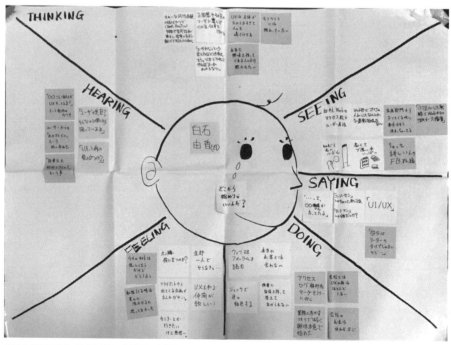

這是本書假設對象「白石由香」的同理心人物誌

接下來，要逐漸進入「想什麼」的區域。加入可能是使用者心中所想的事情，以及可能特別會影響行動的事情。比起單純填資料，這是需要更深入探討的工作，所以透過專題討論「大家一起思考」，會格外有意義。

說不定你會想要寫上定性資料裡沒有的內容，及我們想像出來的說明，其實那也是這項工作的重要成果。只要改變便利貼的顏色，可以辨別「這是我們的推測」，就沒有問題，之後再加以調查，確認該內容是否為事實即可。

◇ 如果能預測人物誌的未來會更有趣！

提到預測未來，聽起來像是說大話，但是若能意識到時間軸，就會發現製作人物誌變得非常有趣。因為，人物誌今後也會隨著專案而一起存在，而且實際網站開始上線、運作之後，應該可以確實追蹤「實際上發生了什麼事？」

如此一來，就可以從幾個觀點來檢視結果，例如：對使用者提出何種解決方案，發揮了什麼作用？產生預想的效果之後，使用者的行動發生了什麼變化？

由於專案會持續加入局部性的變更，所以前面的同理心人物誌，也會和下圖一樣，逐漸改變樣貌。像這樣進一步調查實際發生的事情，就可以讓使用者的輪廓變得更清楚、具體。

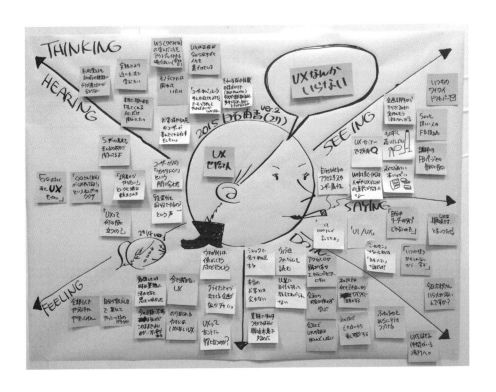

如果可以設計出這種「具有時間軸的人物誌」，並且確實向客戶說明的話，則日後除了製作網站的工作之外，還可以向客戶提出持續性的營運方案（這是在接案業務中，非常重要的關鍵）。

7-3　最終階段：能否對使用者產生共鳴？

　　最後，若能透過目前為止的工作，讓專案成員對「我們面對的使用者是哪種人？」產生共識，並且引起對使用者的共鳴，把共識與共鳴變成具體設計的依據，這樣一來，人物誌的製作就成功了。由此可知，其實並不需要從一開始就製作出完美的人物誌，反之，若人物誌有些不完美的部分，更可能讓專案成員對使用者的討論更熱烈。如果能變成會成長的人物誌，亦即永不完成的人物誌，這項工作就會非常有趣。請試著逐漸融入專案中，實際體會其效果。

COLUMN　　**請試著回想：是否覺得「還好當初有做」？**

到目前為止介紹的工作，其實做起來負擔都很大，或許你在執行時會產生某種成就感。如果最後變成「虎頭蛇尾」就太可惜了，所以希望你可以思考「以 UX 設計的手法調查、分析、視覺化的優點」或「如果當初沒有這麼做，會變得如何？」並告訴團隊成員。這是清楚顯示專案 Before & After 的工作。具體而言，請試著回想以下內容。

● **使用者的目標、感覺到的價值是什麼？**
　是否有用使用者的語言來瞭解使用者希望達成什麼事？

● **使用者感覺不滿意或不愉快的事情是什麼？**
　是否瞭解使用者因為無法做到什麼事而感到不滿意？

● **今後想製作的網站，應該扮演的角色為何？**
　為了達成上述目標或解決使用者的不滿意，網站可以扮演什麼角色？是否有掌握到？

● **對使用者而言的限制項目是什麼？**
　是否掌握到因為使用者身處的環境或事物產生的限制？

當然，我們很難做到完全沒問題的狀態。即使如此，也要回頭檢視：是否有徹底與本章處理的各步驟成果連結？該成果是否有確實運用在專案上並提升效果？我想日後在執行下個專案時，你一定能變得更熟悉，且能更輕鬆地完成。

最後，你可以簡單訪問團隊成員，執行了這些工作之後，原本的網站製作工作出現了什麼變化。我們的終極目標是，從團隊成員口中獲得「過去的我原來完全不瞭解使用者」這樣的意見，亦即能讓成員注意到並反省之前缺乏對使用者體驗的設計。

與過去相比，有多少成員實際感受到更了解使用者？之後面對專案工作時，請隨時思考這點。

---

8 章

將UX設計導入你的組織

不論你是獨自一人或與專案成員一起嘗試了前面各章介紹的各種
UX 設計方法,之後若想要進一步運用到實際的工作中,就需要
取得你的主管或其他相關人員的同意與協助,才能順利地在公司
內部推廣和持續執行。本章將針對導入 UX 設計的活動,準備了
幾個一般認為有用的思考方法及工具。

written by 常盤 普作(IMJ Corporation)

8-1　系統化推廣 UX 設計

　　若想系統化推廣 UX 設計，除了前面用過的方法之外，還有哪些是必要的方式？如何進行比較好？以下將針對這些問題來說明。

◇ UX 設計的導入

　　假如還停留在「我們自己先試看看」的階段，你和夥伴只要瞭解和執行前面幾章介紹的方法即可。可是若要進一步在公司內部推廣 UX 設計，除了瞭解、實踐各個方法外，還有一些必須注意的事項。以下整理了一般認為組織化處理 UX 設計時，必備的 4 個觀點。

在導入 UX 設計的活動中，必備的 4 個觀點

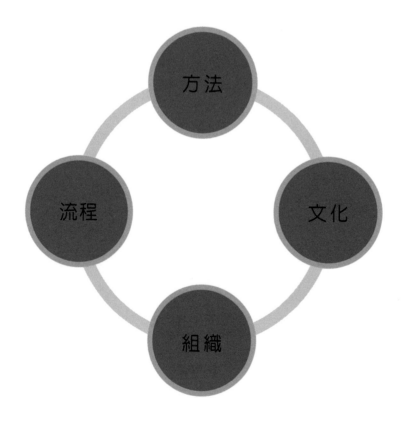

方法

● 由 UX 設計團隊*提供方法並執行
● UX 設計團隊展示可以提供給公司內部使用的方法

文化

● 理解並分享組織的目的、價值、背景
● 理解並分享 UX 設計的有效範圍

組織

● 編制負責活動的 UX 設計團隊
● 建立持續執行活動的培育、評估、任用結構

流程

● 與到目前為止的工作（業務流程）整合
● 在實務中持續執行

* 這裡是指負責 UX 設計的人員或組織。不論由專任人員或專任團隊來執行，
  或由業務、專案成員來負責 UX 設計，都適用。

　這些充其量是系統化執行 UX 設計的理想狀態，但實際展開導入活動時，要從哪個部分開始著手、必須注重哪個部分，其實每家公司都不一樣。接下來的內容將建議各位在公司內部導入 UX 設計時，具體的執行方法。

◇ 導入活動的執行方法

　　展開 UX 設計的導入活動時，你可能會對從何處著手、該如何執行，感到不知所措吧。而且你周遭應該也有人認為，比起導入 UX 設計，應該優先處理別的事情。甚至還可能有種狀況是，過去曾有人試著在公司內部介紹 UX 設計，卻沒有常態化或被反對，結果無法順利推廣。為了處理在導入活動的不知所措、疑問、必須解決的課題，我們準備從以下 3 個部分來著手執行。

① UX 設計 5 階段

　　針對執行 UX 設計的組織狀態，分成 5 個階段。這是用來思考各個導入活動要以何種狀態為目標。

② 利害關係人地圖（Stakeholder Map）

　　將與導入活動有直接、間接相關的關係人分成 4 個類型。這是用來整理、掌握導入活動的關係人立場及背景。

③ UX 設計導入腳本

　　設定導入活動的任務、目標、優勢，取得關係人的同意與協助，建立說服與溝通需要的行動計畫。用來具體檢討該從何處開始著手、如何導入。

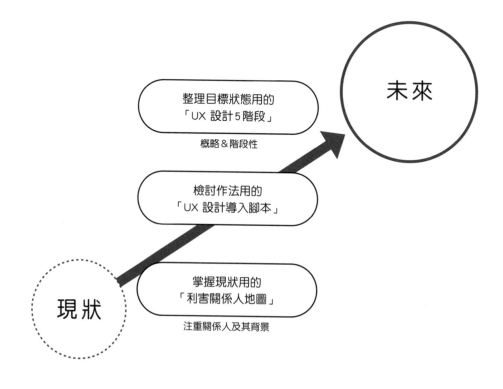

1. 利用 UX 設計階段釐清要以何種狀態為目標

2. 描述利害關係人地圖，
   整理、掌握關係人的類型與背景

3. 描述 UX 設計導入腳本，
   建立具體的行動計畫

4. 根據從活動中獲得的回饋，更新 2 與 3

後面將依序說明這 3 個部分。

> **MEMO**
>
> 上述這些思考方法及工具，是筆者參考自己到目前為止的 UX 設計經驗，整理製作而成，其有效性還沒有經過理論研究或驗證。另外，這裡的情境設定，是把本書讀者當作承攬案子的總監、設計師、工程師，以由下而上的型態導入 UX 設計 (不過，我認為如果能把在公司執行開發或業務營運的人，或是從管理立場評估導入活動的人也安排進去，一樣適用)。

8-2 UX 設計 5 階段

將執行 UX 設計的組織狀態分成 5 個階段，整理之後的結果，就是「UX 設計 5 階段」*，這可以用來思考各個導入活動要以何種狀態為目標。

◇5 個階段

在「UX 設計 5 階段」將執行 UX 設計的組織狀態，從尚未活動的第 1 階段開始，到整合性活動的第 5 階段為止，共有 5 個階段。可以當作思考現在處於何種狀態、下個目標要達到什麼狀態的標準。

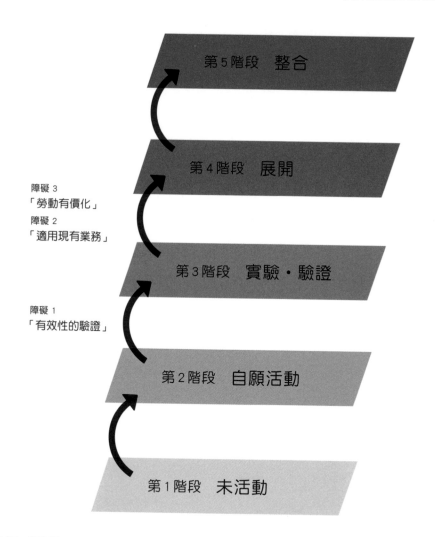

第 5 階段　整合

第 4 階段　展開

障礙 3
「勞動有價化」

障礙 2
「適用現有業務」

第 3 階段　實驗・驗證

障礙 1
「有效性的驗證」

第 2 階段　自願活動

第 1 階段　未活動

*：《ユーザビリティエンジニアリング（第 2 版）－ユーザエクスペリエンスのための調査、設計、評価方法》（樽本徹也著、2014）的 Chapter 12 及下列網站也曾提及。
- 「競争優位を構築していくための UX 成熟度モデル（A UX Maturity Model for Companies Seeking Competitive Advantage）」（Scott Plewes ／ 2014〔由若狹修翻譯成日文〕）→現在的英文版是簡化內容後的新版本。
  https://drive.google.com/file/d/0B2vYl0lWI0PvLUx4RGcwUDhsbVE/view（日文版）
  http://info.macadamian.com/rs/macadamian/images/MAC-UX-Competitive-Advantage.pdf（英文版）
- 「成熟度の水準に対応した人間中心設計の進め方」（黒須正明 /2007）https://u-site.jp/lecture/20071024
- 「企業ユーザビリティの成熟（Corporate Usability Maturity: Stages 1–4）」（Jakob Nielsen /2006）https://u-site.jp/alertbox/20060424_maturity →發布在 U-Site 上的日文翻譯報導
  https://www.nngroup.com/articles/ux-maturity-stages-1-4/ 英文版

第 1 階段｜未活動

由關心或期待 UX 設計的個人及夥伴之間產生出來的狀態。以個人感興趣的程度，開始收集資料或學習，但是這些活動頂多停留在個人層級，尚未進入系統化處理的階段。

第 2 階段｜自願活動

在此階段，公司內部尚未同意導入 UX 設計，所以執行活動的並不是正式的組織或團隊，而是集合自願者，（使用工作以外的時間）以讀書會或自主提案等未被承認的活動型態，努力執行 UX 設計。

第 3 階段｜實驗 · 驗證

這是為了判斷 UX 設計對公司是否有投入的價值，在示範性專案中，實驗性、驗證性地開始執行 UX 設計。

第 4 階段｜展開

這是為了把 UX 設計當作公司內部的新流程及技巧，除了到目前為止負責活動的成員，連管理階層也一同參與導入組織活動，此階段已將 UX 設計視為公司內部的重要主題。

第 5 階段｜整合

這是為了將 UX 設計與現有業務整合，而正在整頓組織與制度的狀態，把 UX 設計當作公司的標準業務流程及成果。

MEMO

在第 4 階段，把 UX 設計當作公司內部的重要主題，由管理階層介入以及導入組織之後，將增加組織面（與 UX 有關的部門、職務、職責）及人事面（與 UX 有關的人才評估、培育、任用）、調整編制與整頓等由上而下的活動類型。這種情形已經脫離了本書設定的讀者狀況「屬於少數人的組織，由下而上的導入活動」。因此第 4 階段以上，在這裡只顯示「UX 設計階段」的方向。在本章接下來的內容，只會說明到第 3 階段為止。

◇3 個障礙

　　以下要說明的是，與網站製作、開發有關的現場人員，以由下而上的方式階段性導入 UX 設計時，在「UX 設計 5 階段」之間會碰到的 3 個障礙。之後要製作「UX 設計導入腳本」時，請當作參考。

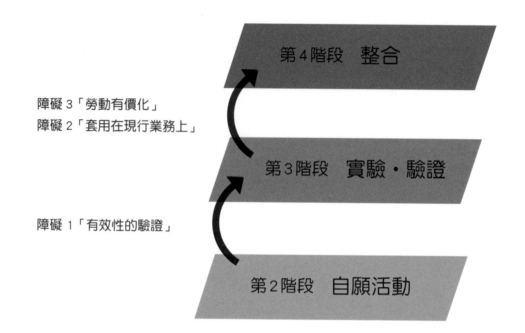

障礙 3「勞動有價化」
障礙 2「套用在現行業務上」

第4階段　整合

第3階段　實驗・驗證

障礙 1「有效性的驗證」

第2階段　自願活動

障礙 1 │ 有效性的驗證

　　在導入活動時，一般認為最初會碰到的障礙，應該是應付「UX 設計有用嗎？」的質疑（第 2 階段到第 3 階段的障礙）。

　　因此，就算從小規模或小部分開始導入也沒關係，要盡量及早做出成功案例，例如在加入 UX 設計之後，「過去一直煩惱的事情，終於解決了」、「從以前就想做的事情，終於實現了」來回應質疑。若沒有這樣做，自己與成員的士氣會變得低落，在公司內部的壓力下，往往可能半途而廢。

　　因此，必須一邊累積成功案例，一邊驗證 UX 設計的有效性。

跨越障礙 1 的關鍵

▶ 「UX 設計有用嗎?」針對周圍提出的質疑,顯示成功案例,驗證有效性。

▶ 透過該案例,在公司內部推廣認知活動,淺顯易懂地說明並訴求 UX 設計的有效性。

成功體驗與代表案例

障礙 1:驗證有效性

障礙 2 | 套用在現行業務上

UX 設計的導入活動,一定會遇到部分來自公司內外的反對聲浪,例如提出「這是壓縮時程及預算的對策」、「這個策略讓我的工作窒礙難行」的情況 (從第 3 階段到第 4 階段的障礙)。

針對這種質疑,必須盡量在避免更動時程或流程,也不花費預算的狀態下,讓對方執行 UX 設計,跨越抗拒變化的障礙。

例如,用心製作可加入易用性測試的線框圖以及紙原型,約朋友下班後在咖啡店訪談等等,並且以口頭方式將結果告知團隊成員,請用這些方式,尋找可以在公司內執行的方法。

MEMO

跨越障礙 2 的關鍵

▶ 在盡量不更動時程與流程的前提下，嘗試 UX 設計。

▶ 在盡量不花費資源（人、物、錢）的前提下，嘗試 UX 設計

最少的變動與最低限度的資源

障礙 2：套用在現行業務上

障礙 3 ｜ 勞動有價化

　　將 UX 設計導入委託工作時，最大的障礙可能是必須回答「UX 設計可以賺到錢嗎？」這種質疑（從第 3 段到第 4 階段的障礙）。

　　因此，UX 設計必須顯示可以當作客戶的「正式工作」來承案，跨越收益化的障礙。徹底研究 UX 設計是否是必要且有效的專案，如果客戶似乎認為過去的作法碰到瓶頸，或是正在摸索新策略時，請提出 UX 設計對策。

　　若尚未有淺顯易懂的公司執行成果、類似業界的案例或話題時，請盡量準備實際在其他專案中使用過的原型、執行易用性測試的影片、回饋時的照片或筆記、分析調查結果後的便利貼等真實且具體的樣本，傳達 UX 設計策略比過去的作法更能有效解決客戶的問題及探索新機會。

MEMO

跨越障礙 3 的關鍵

▶ 向認為過去的策略到達極限，正在摸索新策略的客戶提案。

▶ 尚未有淺顯易懂的成果或案例時，可使用其他專案的階段性成果，具體顯示 UX 設計的流程與方法具有效果。

徹底瞭解客戶的狀況

障礙 3：勞動有價化

MEMO

在 UX 設計的提案階段，很難呈現預測結果及成本效益，因此請先記住，對看到提案的客戶而言，他們可能會認為「雖然顯示了流程與方法，但是一定要執行後，才能知道效果（意思是還看不到具體的內容）。」

在幾乎沒有任何專案實績的階段，你可能會想以免費或打折為誘因，取得客戶同意，當作示範性專案來執行 UX 設計，以建立實績或進行驗證。雖然這是非常有效的作法，但是持續以免費或優惠價格服務下去的話，我們將很難判斷客戶是因為免費（或賺到）才願意嘗試，還是認為真正有價值，而且在公司內部也一定無法獲得更多對於導入活動的支援。

8-3　利害關係人地圖

「利害關係人地圖」與「UX 設計 5 階段」不同,這是一張利用填滿空格的方式,整理、掌握現狀的紙張。以下先說明這張地圖內的元素,接著介紹用法與製作案例。

◇ 使用利害關係人地圖可以整理、掌握到的內容

▶ 何種類型的相關人員有多少

▶ 不同類型的相關人員之背景與理由為何

▶ 對導入活動不滿意的相關人員是誰、必要的相關人員是誰

▶ 與相關人員溝通時的重點為何

▶ 當相關人員的類型改變時,關鍵是什麼

◇ 4 種類型的相關人員

在「利害關係人地圖」中,把與導入活動有關的成員分成 4 種類型,進行整理並妥善掌握。

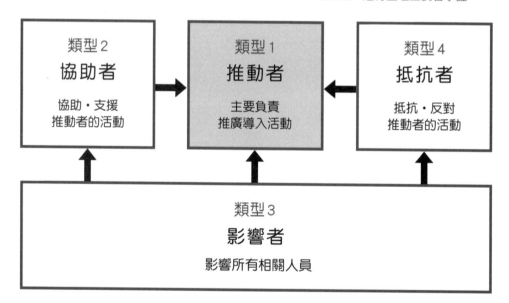

類型 1｜推動者

和大家一起導入活動,是主要推動的成員及候選者。

類型 2｜協助者

像推動者一樣和大家一起導入活動,雖然與主要導入活動無關,卻對推動者的活動表現出一定程度的瞭解,並且提供支援與協助的成員及候選者。

類型 3｜影響者

與導入活動無關，在公司內部具有強大訊息發布力及傳播力的「大聲公」成員，或公司內部多數人會注意到他感興趣的事情之成員及候選者。

類型 4｜抵抗者

針對導入活動，表示反對立場的成員及候選者。

◇ 背景及外在環境

依照類型，整理並掌握相關人員的背景。相關人員的作用、目標、痛苦 (pain)[*1]／收穫 (gain)[*2]，都會受到這種背景而產生或被影響，所以要先整理相關人員的背景。

另外，如果有與導入活動有關，還有許多會影響所有相關人員的元素（如市場或競爭趨勢、政治／經濟／社會／技術趨勢等），請先將這些元素當作外在環境來整理。

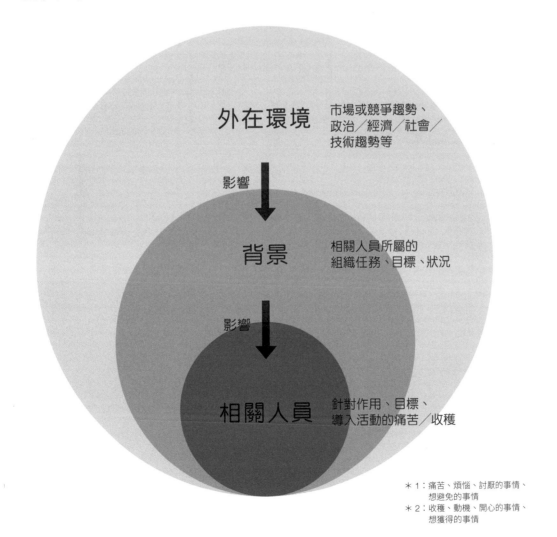

外在環境　市場或競爭趨勢、政治／經濟／社會／技術趨勢等

影響

背景　相關人員所屬的組織任務、目標、狀況

影響

相關人員　針對作用、目標、導入活動的痛苦／收穫

＊1：痛苦、煩惱、討厭的事情、想避免的事情
＊2：收穫、動機、開心的事情、想獲得的事情

◇ 利害關係人地圖的填寫方法

1. 在 4 個類型的方格內，寫上相關人員（包含候選者）的名字。

2. 詢問本人或周遭的人，把各個作用、目標、導入活動的痛苦／收穫寫在名字的旁邊。

3. 在下方的背景方塊中，寫上相關人員所屬組織的任務、目標、狀況。

4. 在最外側的外在環境方格中，以較廣的觀點檢視，如果有影響導入活動的元素，就先寫上去。

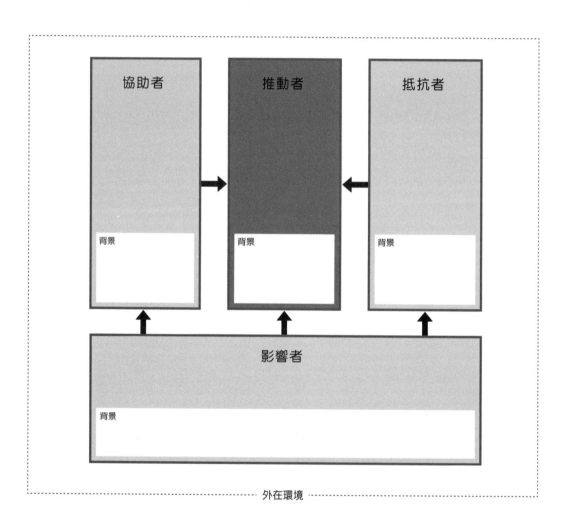

MEMO

備註：

▶ 最好別獨自一人，盡量與多人討論再填寫。

▶ 假如無法從本人或周遭人士取得資料時，請思考當時的假說再寫上去。

▶ 請重視與導入活動有關而產生的痛苦／收穫，而不是該人員的表面立場或身分地位。

◇ 填寫時的重點

關於推動者

即使是對導入 UX 設計有志一同的成員，也必須先整理、掌握每個人的差異。例如，「一直在摸索終端使用者設計」的人，以及「想學會其他同事不會的新技巧」的人，這兩人從事 UX 設計的動機及關心的重點應該會不同。

背景方面也是如此，屬於「要求每個人磨練新設計技巧的領導團隊」成員，以及屬於「要求每個人獲得 3 個以上新客戶的企劃團隊」成員，他們參與活動的方式也不一樣。

關於協助者

協助者對導入活動提供 (或不提供) 支援、協助的理由，未必與 UX 設計本身有關。例如也可能是基於「當作提供給客戶的新服務或商品的可能性」或「與其他競爭對手的差異化」等商業上的理由。至少要從協助者的觀點來整理與導入活動有關的內容。

另外，協助者 (或候選者) 可能是你的主管，而且就算你的主管是抵抗者，隔壁部門的前輩或其他幹部卻可能是協助者。或者，有往來的其他公司成員或業務合作夥伴也可能成為協助者。

關於影響者

為了把影響者的訊息傳播力發揮在導入活動上，同樣要站在影響者的觀點，掌握、整理與導入活動有關而產生的痛苦／收穫。影響者也可能同時是推動者、協助者、抵抗者。因此，影響者可能對導入活動發揮正面或負面的影響力。

此外，影響者未必都是「人」，也可能是與製作網站有關的人正在注意的資訊網站、公司內發送的電子報、茶水間的布告欄等「物品」。

關於抵抗者

關於抵抗者，和其他一樣，要從抵抗者的觀點來整理、掌握他們認為導入活動有何缺點。

另外，現在的抵抗者或許能因為某個契機而變成協助者或推動者，反之，目前的協助者或推動者，也可能有人在過程中變成抵抗者。尤其是後者，請事先評估在何種情況下，誰可能成為抵抗者。

建立案例

以下我們找了在企業中致力於導入 UX 設計的人或今後打算投入的人，根據實際狀況，製作了利害關係人地圖。你在填寫時，可以當作參考。

利害關係人地圖製作案例（日本國內醫療相關服務業者）

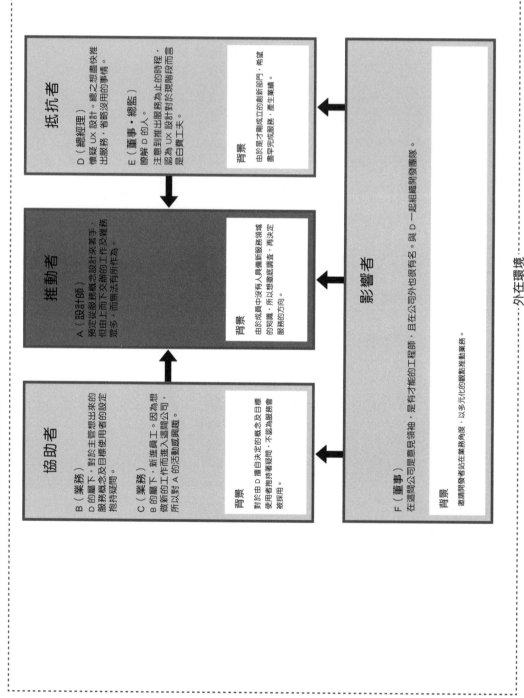

抵抗者

D（總經理）
懷疑 UX 設計。總之想盡快推
出服務，省略沒用的事情。

E（董事、總監）
瞭解 D 的人。
注意到推出服務為止的時程，
認為 UX 設計對於現階段而言
是白費工夫。

背景
由於是才剛成立的創新部門，希望
盡早完成服務，產生業績。

推動者

A（設計師）
預定從服務概念設計來著手，
但由上而下交辦的工作及雜務
眾多，而無法有所作為。

背景
由於成員中沒有人員備新服務領域
的知識，所以想徹底調查，再決定
服務的方向。

協助者

B（業務）
D 的屬下。對於主管想出來的
服務概念及目標使用者的設定
抱持疑問。

C（業務）
B 的屬下。新進員工。因為想
做新的工作而進入這間公司，
所以對 A 的活動感興趣。

背景
對於由 D 擅自決定的概念及目標
使用者抱持著疑問，不認為服務會
被採用。

影響者

F（董事）
在這間公司是意見領袖，是有才能的工程師。且在公司外也很有名。與 D 一起組織開發團隊。

背景
邀請開發者站在業務角度，以多元化的觀點推動業務。

外在環境

「UX」這關鍵字在世界上與業界中不斷流傳，而使開發者產生「要有所作為」的感覺。

加入了許多在大學學過 UX 設計的新進員工。

抵抗者

E（UI 設計師）
加入製作原型、易用性評估後，擔心出現過去沒有的頻繁修改狀況。

F（企劃）
導入 UX 設計後，若依照自己平常的作法，可能變得很難和其他人達成共識。

背景
對自己過去的作法可能無法沿用而感到不安。

推動者

A（總監）
希望為全公司建立對 UX 設計流程的認知，且認為以 UX 設計是職業生涯必備的技巧。

B（總監）
從工程師轉變成推動 UX 設計的總監。希望透過自己負責的服務實踐 UX 設計，並以完整的手法來處理。

背景
想在業務部門打好 UX 設計基礎，但是實踐的人很少，無法成為工作助力。

協助者

C（插畫家）
希望製作本身職務的附加價值，把 UX 設計師的想法加入業務中。

D（其他部門的總監）
和 A 一樣，希望增加 UX 設計的成功案例，推動全公司性的 UX 設計，也推動舉辦公司內外的 UX 相關討論會。

背景
希望在全公司／個人、投入當作業界標準的 UX 設計。

影響者

H（前端工程師）
從服務成長期開始就參與的元老級工程師，深得信任。最近以意見領袖角色參與策略會議，希望改善服務。

G（事業負責人／A 的直屬主管）
公司內少數設計師出身的負責人。對 UX 設計的造詣很深。希望大家把思考 UX 當作「理所當然」，打好基礎。

背景
從服務推出後經過 7 年，進入成熟期。因為轉移到智慧型手機等環境因素，導致使用人數下降。需要在服務中導入新階段的策略，包含 4 個相關服務。決定在整個服務中加入使用者調查等 UX 設計相關手法，創造事業機會。

開導對手有成立專門的 UX 設計小組並延攬人才。

總經理對公司的服務發表暨說明「創造致勝關鍵」。

外部環境

利害關係人地圖製作案例（日本國內網站製作公司）

協助者

C（A 所屬部門的部門主管）
是否可以將 UX 設計當作品管流程而運用在整體個專案上？

D（業務）
UX 設計究竟是新服務或與競爭對手製造差異化的元素？

背景
客戶要求以「造訪者目錄」來製作

競爭的製作公司最近在介紹自家服務時，開始提出「UI／UX」

推動者

A（總監）
客戶要求製作檢查網站品質的選單

B（製作人）
在這次平板裝置的 UI 開發案中，尋找是否有比過去更好的策略

背景
在 A 的團隊中，有許多客戶也提出相同要求

抵抗者

E（D 的直屬主管）
認為加入 UX 設計會增加工時且拉長時程，而抱持反對態度

F（設計師）
認為 UX 設計無法發揮設計師的「個性」而感到消極

背景
E 一個人員負責管理團隊的運作，但是因為成員的工時意識薄弱，而感到困擾

在網站製作的業界，增加了許多與 UX 設計有關的書籍或網站

雖然不多，但在客戶之中開始有重視 UX 設計的人

影響者

G（製作部門的統一負責人）
製作部門的負責人，感覺必須隨時持續挑戰新事物

H（Markup Engineer）
在公司外部也有名氣的名人，他的發言及關心的對象，在公司內部也容易受到矚目

背景
為了重新編制不受限於現有職務，能跨部門運作的組織，一年前把前端領域的所有成員整合成一個製作部門

外部環境

8-4 UX 設計導入腳本

　「UX 設計導入腳本」是透過填空的方式，事先建立導入活動的計畫。表格分成左右兩邊，左邊是設定導入活動的任務、目標、優勢，右邊是建立取得相關人員同意與協助、必須說服或溝通的計畫。以下先說明裡面的元素，接著再介紹用法與製作案例。

使用「UX 設計導入腳本」的優點

▶ 比較容易檢討及分享導入活動的目標及方針

▶ 可以清楚瞭解在導入活動中，推動成員具備的優勢

▶ 可以清楚瞭解在導入活動中，必須投入努力及不用花心思的地方

▶ 必須更改導入活動的計畫時，比較容易修改

任務

| 1 | 【Why】努力的意義、價值觀、方針 |

現階段的目標

| 2 | 【What】把應具備的態度替換成具體的數字或狀態 |

優勢

| 3 | 把我們擁有的優勢發揮在行動計畫上 |

行動計劃

| 4・5 | 【How】為了達成目標，必須依照利害關係人地圖執行的動作 |

◇ 任務 ・ 目標 ・ 優勢

任務

　「任務」是你在執行導入活動時的意義，是所有推動的成員必須共有的價值觀、一貫性方針，這將成為判斷依據。因此，不論「UX 設計階段」到哪個階段，「任務」基本上都不會改變。

目標

把下個階段必須達成的 UX 設計努力態度，轉換成具體的目標。目標可分成理想目標／必達目標，前者是期望的最佳達成狀態，後者是如果低於此目標，就無法滿足應有狀態的極限狀態。

透過設定目標，可以事先準備好與相關人員做調整或溝通時的判斷基準或可能的讓步範圍。

優勢

在導入活動中，會涉及與相關人員的調整與溝通，所以必須先瞭解大家或推動成員擁有何種優勢。或許有人認為「現在我們沒有可稱作優勢的部分」，但是在調整、溝通時，思考什麼可能成為優勢，這件事本身能成為行動計畫的提示或材料，所以任何可能成為益處的事情，就算微不足道也沒關係，請試著思考出幾個優勢。

行動計畫

這是為了達成目標，所有人和推動成員一起努力的具體活動計畫。行動計畫要依照 4 種類型的相關人員來分別建立。

哪種努力有效果，會隨著公司或組織的特性及文化而異，請反覆嘗試錯誤，找出有效的方法。

◇ UX 設計導入腳本的使用方法

把前面準備好的「UX 設計 5 階段」當作將來應達成的狀態，同樣地，把「利害關係人地圖」當作目前狀態，分別參考，同時思考在「UX 設計導入腳本」中連結兩者的方法。

1. 填寫在文件左上方的任務欄位。「透過導入 UX 設計，豐富消費者的體驗」、「以合作夥伴的身分，協助客戶根據使用者本質欲望提供服務」像這樣，寫上執行導入活動的意義、所有推動成員應共享的價值觀、一貫化的方針。

「所有專案成員瞭解 UX 設計」、「為整個網站做易用性評估」這些實現任務的「過程」或「狀態」，請寫在下個目標欄位。

2. 填寫文件左邊中央的目標欄位。為了容易思考行動計畫，建議盡量依照以下幾項來設定目標。

▶ 一次設定的目標最多以 3 個為限
▶ 以「《對象》到《期限為止》，變成《狀態》」的形式來寫
例如「推動成員到半年後變成 5 名以上」
▶ 分成「理想目標」與「必達目標」
例如「理想目標｜從下週開始，活動時間要確保每週 4 小時以上」
「必達目標｜下個月開始，活動時間要確保每月 8 小時以上」

3. 填寫文件左下方的優勢欄位。關於優勢，如同前面的說明，「有擅長公司內部資料或人脈的成員」、「所屬部門對年輕人的自主性努力很寬容」、「推動者 A 說的話，抵抗者 B 也會聽」這種微不足道的小事也沒關係，請與推動成員討論，盡量多寫一些。

4. 填寫文件右邊的行動計畫欄位。參考目標與優勢，思考具體活動的點子。覺得困惑時，請回頭思考任務。

5. 從行動計畫的點子中，把推動成員聚焦的內容寫在文件上，之後就是執行。依努力後得到的回饋，適當更新「利害關係人地圖」及「UX 設計導入腳本」。

任務

現階段的目標

理想目標	讓《對象》、變成《狀態》、到《期間》為止	必達目標

優勢

行動計劃

對 推動者	對 影響者

對 協助者	對 抵抗者

171

◇ 製作行動計劃的重點

對推動者

對推動者而言，必須根據目標來思考。尋找一起執行活動的新成員，確保活動所需的時間及預算，並且獲得認可，降低參與活動的門檻，激勵團隊成員，提高對主管的理解等行為。

例如，在活動初期階段，尋找可能產生興趣的人時，在眾多行人往來出入口附近的牆上，顯示活動通知或成果，或是刻意在開放空間進行活動，而不是關在會議室內，藉此多增加曝光與接觸的機會，用心營造出感興趣者可以輕易發表意見、提出詢問的氛圍。

對協助者

請思考對協助者而言，以哪種觀點提出支援或協助比較好。無法立刻找到協助者時，就分別設定，把一定要獲得其支援或協助的對象當作理想目標，把實現性可能比較高的人或可以接觸的人當作必達目標，思考討論的方法（假如沒有與這種人的接觸點，最好從取得仲介者的協助再開始進行）。

另外，難以要求直接協助時，請求間接支援一定比較容易。例如，在未被認可的活動階段，請對方擔任活動主辦者（掛名），周圍的看法及談話的容易度，就會大幅改變。

對影響者

思考對影響者而言，怎麼做才能正面傳達與導入活動有關的訊息（或怎麼做才能防止以錯誤的方向發布訊息）。

前面說明過，影響者未必是人。以筆者本身的例子而言，我們在交貨之後或著手設計之前，都會有自主（自行）對專案做簡易的易用性評估及報告的時期。這種專案是公司內部受到矚目的「影響者」，因此報告評估結果後，專案成員當然會收到同類專案成員的諮詢及討論。

對抵抗者

思考對抵抗者而言，讓導入活動與抵抗者的痛苦／收穫同時兼具的方法，或至少避免對立的方法。例如，身為一個專案現場負責人的總監，在製作原型或使用者傾聽測試時，會擔心時程延後而反對。此時就要根據「對該總監而言的重要事情」，思考說明 UX 設計影響的方法。

例如，時程不能延遲，順利進行開發，對該總監而言是非常重要的事情，然而對使用者而言，達到容易使用、令人滿意的網站，也同等重要。因此，把該總監重視的事情及現階段擔心的事情都製作成清單。完成之後，與總監一起確認，導入 UX 設計究竟是加分還是扣分，或許對方就會發現並非全都是負面影響，而同意執行（即使該總監的工作範圍只有進度管理，不包括品質管理，也一定有人負責品質管理的工作，因此和他及剛才的總監等 3 人一起討論即可）。

MEMO

介紹 UX 設計後，雖然大多數人對於案例中運用的各個新方法充滿興趣，然而一旦提到：
要不要試著將這些方法實際運用在各個專案中？有時仍會遇到否定反應，「我很滿意目前的
工作方式，所以不用改變。」或「『聽取使用者想法來想點子』這樣無法發揮自己的創意。」
但是我覺得，就某種意義而言，這是好事。

因為 UX 設計不僅是在目前的工作中導入「新方法」，同時也講求要導入「新流程」與「新
價值判斷」。方法即使容易改變，流程及價值判斷卻不易扭轉。更何況，對認為不必要更改
的人而言更是如此。因此，當你需要思考對 UX 設計沒有興趣或表現出抗拒感的人採取何種
行動時，請考量到這種心理層面的抗拒感。

◇ 製作案例

我們請在企業中努力導入 UX 設計的人，或今後打算努力導入 UX 設計的人，根據實際狀況，製作
出以下幾張 UX 設計導入腳本。在你實際製作時，請當作參考。

UX 設計導入腳本的製作案例（日本國內醫療相關服務公司）

任務

讓讀大的組織成員瞭解 UX 設計

現階段的目標

理想目標 讓《對象》、變成《狀態》、到《期間》為止	必達目標
對母公司報告一個導入案例	尋找今年度在公司內部創新部門推動的案件（至少3件）中，是否有可以改善的地方
下個月開始，為了開始推動，每週保留一個小時的時間，向目願者進行活動報告	下個月開始，為了開始推動，每週一週一小時，在上班時間之外與目願者開會
下個月開始，每月一次，將活動內容整理成報告，在公司內部分享	下個月開始，每月一次，在會議上簡單報告活動內容

優勢

- 公司內部出現「這樣下去應該無法順利吧？」等不安聲音，或要求解決策的聲浪。
- 不能讓抵抗者 D 對 F 採取強硬的態度
- 兩位協助者積極行動，也協助執行實際的工作。

行動

對推動者	對影響者
讓他們從服務開始就參與，並於最初階段就說明 UX 設計的必要性。此時，根據數據，介紹其他公司的案例，先增加說服抵抗者的材料。	由於對 UX 設計有一定的理解，所以在時程等項目上，為了避免與上層對立，就事先請對方協助。

對協助者	對抵抗者
讓方從實際調查開始參與，體會有效性，讓對方成為推動者。另外，在其他成員看得到的場所，共同進行活動，一起製造造廣為人知的機會。	若有用 UX 設計證實有效的事實（FACT），就可能獲得認同，所以可以展示已經公開其他公司案例的員體數字等來說明。

UX 設計導入腳本的製作案例（CyberAgent 公司‧Ameba Pigg）

任務

打造全員都可以「理所當然」執行 UX 設計的組織

現階段的目標

理想目標	必達目標
	讓《對象》、變成《狀態》、到《期間》為止
讓業務部門內尚未導入 UX 設計的 2 個服務，半年內進行一次以上的示範性測試，以達成分別當作策略碑的策略事業目標。	讓事業部門內尚未導入 UX 設計的 2 個服務，半年內進行一次以上的示範性測試。達成分別當作策略碑的策略事業目標。
由於沒有觀察者，我們將在半年內，針對各業務部門內的 5 個服務，分別培養 1 名可以獨立運作 UX 設計流程的人才。	由於沒有觀察者，我們將在半年內培養一名可以獨立運作 UX 設計流程的人才。
一年內一定要達成每週一次來找終端使用者訪談／進行易用性評估的狀態	一年內一定要達成每月一次來找終端使用者訪談／進行易用性評估的狀態

優勢

- 利用定期舉辦與 UX 設計有關的專題討論，增加了對 UX 設計感興趣的成員。
- 去年開始，對多個專案導入 UX 設計示範案等的結果，開始出現與事業成果有關的案例，因而提高了大家對企劃社群的興趣與期待。

行動計畫

對推動者	對影響者
一定要將對各服務的 UX 設計執行結果，與事業成果／KPI 連結，進行定量評估，可以向製作人說明。	讓對方把運用 UX 設計的成果，當作提供給董事會的策略說明資料依據。

對協助者	對抵抗者
提供對方參與 UX 設計導入專案的機會，說明執行後的結果，可當作技巧來運用。	準備可以積極參與 UX 設計的機會，在執行過程中，讓對方實際感受到結果。最後協助對方將各個目標的成果結合 UX 設計的流程來說明。

UX 設計導入腳本的製作案例（日本國內網站製作公司）

任務

透過 UX 設計成為豐富消費者體驗的組織

現階段的目標

理想目標 讓《對象》、變成《狀態》、到《期間》為止	必達目標
可在業務上公開顯示的代表案例，到半年後，要親自做出 1 個以上	當作示範性案例來執行，公司內部可以當作案例發表的案件，半年以內製作 2 個以上
從下週起，活動時間確保每週 4 小時以上	從下個月起，活動時間確保每月 8 小時以上
從下週開始，在業務部門會議中設定活動 & 案例介紹限制，對全部 8 個部門實施	下個月開始，以每月 2 次的頻率在部門內部傳送活動報告

優勢

- A 所屬的部門對年輕人的自主性努力很寬容
- 擅長公司內資訊及人脈的 B 是推動成員
- 批判者 E 也會聽取 B 提出的意見

行動計畫

對推動者	對影響者
為了在 B 負責的平板裝置案件中導入 UX 設計，而與客戶及專案成員溝通、調整。	製造與 G 直接討論的機會，讓對方為導入活動「背書」，使得其他人認為「這是公司內部認可的活動」。

對協助者	對抵抗者
在 A 負責的專案中，實驗性地導入 UX 設計。當作檢測網站品質的實證實驗，如果成功了，說明可以推廣到整個運用案件，讓對方認同此活動。	根據事實，顯示對平板裝置案的工時及時程的影響，以及執行成果和客戶的滿意度。

APPENDIX

▶ 附錄

開始執行 UX 設計後的客戶意見

目前為止我們都是從網站製作端的觀點來說明 UX 設計的作法。那麼，若由商業端或事業營運端來看，開始執行 UX 設計的前後，會有什麼改變？以下是我們作者群收集到的客戶意見，都是未經粉飾的真實心聲。

**娛樂事業網站
IT 負責人員
A 君**

在執行 UX 設計之前，
我以為那只是「重視顧客觀點」的態度。

我操作時都是一邊思考介面、一邊思考動線，很理所當然，所以我一直認為，網站的 UX 與 UI 結果是一樣的東西吧！因此，當大家說 UX 很重要，我也以為那只是在討論「重視顧客觀點」的態度吧。可是，在某個專案中，第一次遇到要做使用者訪談調查、分析，製作顧客旅程地圖的機會。連網站服務的使用前後都做了徹底調查，在過程中我才發覺到，原本只打算做常見的問卷調查的我們，對使用者的理解其實非常平面，而且只看到單一方向。實際嘗試後，才首度體會到 UX 設計很重要，原來是這麼回事啊！

在從訪談開始，反覆分析、建立假說的過程中，深入參與流程後，塑造出來的使用者樣貌，其實很立體。所以在詢問最終結論時，使用者看起來就和大家的想像一致，而且參加的成員都像親眼所見一樣了解使用者。我們很難將這種理解深度傳達給沒有看到 UX 執行過程的人，這就是問題所在，因此現在我正逐漸將 UX 設計方法運用到平日的工作中，希望擴大身邊人士對 UX 設計的理解。

**印刷郵購 EC
商務 PM
B 君**

UX 設計是非常有效的方法。
而且越常運用會越熟練。

我在更新網站時，雖然會找出該改善的地方，但仍有一些問題，像是不知道更新本身到底好不好，還有該如何告知公司內部員工等問題。幫忙解決這個問題的，就是在規劃階段加入 UX 設計。

例如，修改可挑選的商品時，分類很重要。我們原本的類別名稱中混雜了用途、交期、形狀等各種主軸，但是透過受測者評估，就能發現其實網站的消費者無法從商品名稱類推商品，因而獲得必須以形狀來統一的結論。以此結論為前提，再由公司內部成員執行卡片分類，因此在有限的時間內，能重新組成加入多元觀點、具有客觀性的類別結構。此時，公司的員工除了是網站更新的核心成員之外，也是對專案有重大關聯性的成員，我認為這樣也對專案的「可視化」有貢獻。

現在回想，當初開始做專案時，我還不太瞭解 UX 設計，也曾擔心過。例如，只找 3 到 5 位這麼少的受測者來做現場調查是可以的嗎？會不會受到特殊受測者的特殊想法影響？不過實際執行之後，讓我們發覺到使用者會提出高重複性的問題，即使受測者的人數不多，也可以確認。

另外，即使我做這份工作已有很長的時間，藉由這次的 UX 設計，也能第一次注意到很多事。儘管服務提供端的常識與使用者的常識有很大差異，但我覺得，透過 UX 設計能夠注意到各種發現，是非常難能可貴的。

EC
CRM 負責人員
C 君

雖然當初是在不知情的狀況下開始嘗試 UX 設計，
但我認為「試著去做、去行動」這點很重要。

約莫 4 年前吧，當時的主管表示「今後需要服務設計。你先做各種研究，試著製作顧客旅程地圖吧！」結果我就在摸不著頭緒的狀況下，一腳踏入 UX 設計的世界。

如果有希望透過 UX 設計解決的課題，或是想達成的目的，那我覺得就算不懂，總之「試著去做、去行動」這點很重要。即使現在回想起來，我仍然這麼認為。

因為開始採取這種手法，我變得更能掌握消費者的內心，越來越能配合消費者的情感起伏來設計。我認為，UX 設計方法可以用來瞭解變得非常複雜的人類，以及人與身邊的關係。我想這種手法不僅對消費者，連打造團隊或平常的溝通方式都可以重新「設計」一番。

但是，實際做 UX 設計時，往往會讓一個專案的時間拉長，所以可能延後獲得收益的時間，而導致可能有成員感覺不耐煩的狀況。今後的課題是「將到達本質欲望的困難路徑單純化」，並提高速度。此外，我也期待日後能出現有用的理論，讓我們知道分析後的定性資料該如何與定量資料整合。

網路服務
行銷企劃人員
D 君

開始仔細檢視顧客輪廓後，發現對顧客想法的解讀因人而異，
這是非常重要的問題。

有些數據是由廣告及活動等預算堆出來的，但我發現，我們應該看見的顧客輪廓，其實完全看不到。以我們公司的現狀來說，如果讓各部門的負責人自行判斷「顧客是這樣想」、「這可以讓顧客高興」，將會因為每個人的想法不同而有微妙的差異，這其實是非常重大的問題。我會發現這點，就是始於某個 UX 設計專案。此外，身為企劃，理論上必須最瞭解顧客，可是對於公司服務什麼樣的顧客，卻從來沒有徹底說明過，這也是造成想法歧異的重要原因。

試著執行 UX 設計之後，我認為最棒的是，各個負責人員（包括開發、運用、企劃者等等）終於能用相同觀點思考顧客的事情。從調查資料中，大量檢視實際的顧客意見，發現有些我們過去認為重要的事情，其實顧客完全不在意，我想單憑我們過去的作法，是無法知道這些事的。

現在，終於能看得見我們面對的顧客了。現在我正在努力，不僅要看見，還要能理解顧客的想法。

EC
CRM 部長
E 君

我認為最重要的是，
瞭解 UX 設計可以幫助我們達成目的。

我負責的工作是 CRM（客戶關係管理），因此我之前根本不在意 UX 設計。我認為最重要的是，是否能正確掌握客戶潛在的需求，傳達驚喜、感動和溫暖的感覺。

本公司加入 UX 設計的契機，是因為在腦力激盪的企劃案發想過程中遇到瓶頸。儘管當時有明確的策略、戰術，卻提不出相對應的企劃，陷入進退兩難的地步時，我認為顧客旅程地圖是打破僵局的有效手法。原本我負責的 CRM 工作就是以客戶為重，也重視並致力於顧客的使用體驗，但是導入顧客旅程地圖，卻能把我們忽略掉的部分變得更清楚和具體，是很強大的手法。

我們公司沒有 UX 設計師這個職稱，因為與服務有關的所有人都在思考客戶的事情。我認為瞭解 UX 設計可以幫我們達成目的，這點非常重要。

作者簡介

玉飼 真一（Shinichi Tamagai）

IMJ Corporation ／ R&D 室 室長 資深研究員
HCD-Net（人性化設計推進機構）評議員
人性化設計專家 使用者介面學會會員

應屆畢業並進入 Recruit 公司後，曾負責製作人才招募廣告，並在同公司的研究開發部門開始製作網頁。特別關注使用者介面及其中決定使用者意志的流程，並曾參與建立各種媒體事業網站。加入 IMJ 團隊後，負責企劃、設計、開發眾多企業的網站服務。自 2012 年起擔任現職。

┌─ 推薦的書籍
《如何設計好網站：Don't Make Me Think》
Steve Krug（著）／陳芳智（譯）／上奇資訊
內容偏重網站易用性的探討，從 2000 年出版開始，到近年大幅改版，已經推出第 3 版，是非常知名的暢銷書。因為人類的資料處理能力有限，所以使用者不會依照製作者的想法來操作，因此要執行測試，虛心面對使用者，這些共通的道理今天仍然通用。

村上 竜介（Ryusuke Murakami）

IMJ Corporation ／ MTL 事業本部 第 2 專業服務事業部
UX 設計師
HCD-Net 認證 人性化設計專家

待過只有幾名員工的網站製作新創公司，2008 年進入 IMJ，一年後就投入在前公司就感興趣的 UX 設計。由於曾經擔任負責網站設計的總監，所以開始評估易用性，學習並執行 UX 設計。目前的工作包含從製作原型到使用者調查，拓展 UX 設計的實踐廣度，並負責多數網站的更新專案及公司內外的 UX 設計教育。

┌─ 推薦的書籍
《The Elements of User Experience》
Jesse James Garrett（著）／ New Riders Pub
當你看完我們寫的這本書之後，如果你（和我一樣）想在製作網站時拓展 UX 設計的廣度，就建議你閱讀這本書。這本書會依照「表層（視覺設計等）→骨架（線框圖等）→結構（網站地圖等）→要件（功能要件）→策略（使用者需求＆商業目標）」等 5 個階段來建立模型，對於接近網頁輸出端的設計師／總監而言，會更容易瞭解 UX 設計。

佐藤 哲（Tetsu Sato）

IMJ Corporation ／ MTL 事業本部 第 2 專業服務事業部
資深 UX 設計師
HCD-Net 認證 人性化設計專家

曾在 Recruit 公司從事各種事業的網站設計及易用性評估。之後待過顧問公司、網站設計製作公司，現在則在 IMJ 負責與「服務設計」、「UXD」相關的專案推廣工作。目前的工作成果包含大型企業的服務設計、UXD 導入支援、簡化專題討論、各種定性調查分析，大學中的演講、主持研討會、發表文章等等。

┌─ 推薦的書籍
《商品放在哪裡才會賣 Why We Buy》
Paco Underhill（著）／阮大宏、但漢敏（譯）／時報出版
我年輕時就是從這本書來瞭解觀察消費者行動的樂趣，即使現在重新閱讀，也可以獲得各種線索。

太田 文明（Bunmei Ohta）

IMJ Corporation
R&D 室 經理／首席策略師

以工程師身分進入職場，在後台系統及套裝軟體企劃開發的工作中，負責 HCD（人性化設計流程／ISO9241-211）流程的套用業務。目前在 UX 策略及服務設計中負責全工程顧問、國內服務設計、專案提升研究、技巧及流程開發等工作。此外也有許多在合作企業及第三方服務設計／設計思考相關的研討會及舉辦專題討論等教育啟蒙活動的實績。

┌─ **推薦的書籍** ─────────────────────────────────
│ **《Contextual Design: Defining Customer-Centered Systems》（Interactive Technologies）**
│ Hugh Beyer、Karen Holtzblatt（著）／Morgan Kaufmann
│ 這是近 20 年前的書，但是針對「使用者（人）導向」的想法及理論，目前還沒有其他書籍勝過本書。從 UX 設計
│ 到服務設計，即使是設計領域變得深且廣的現在，這本書依舊是經典。也推薦閱讀 Second Edition！
└──

常盤 晋作（Shinsaku Tokiwa）

IMJ Corporation ／ MTL 事業本部 第 2 專業服務事業部
資深 UX 設計師
HCD-Net 認證 人性化設計專家

任職過大型廣告製作公司，從 2001 年起進入 IMJ。從同公司的人性化設計（HCD/UCD）、使用者體驗設計（UXD）的導入開始，現在針對各式各樣的客戶企業，負責以 UCD/UXD 為主軸的服務及建構網站、UCD/UXD 的導入支援服務等。

┌─ **推薦的書籍** ─────────────────────────────────
│ **Modeless and Modal**　http://modelessdesign.com/modelessandmodal/
│ 這是 Sociomedia 公司的上野先生從 2009 年到 2010 年撰寫的私人部落格。對我這類人而言（與 HCD 及 UXD
│ 有關的人、與網站設計有關的多數人一定也是），可回歸思考本質問題，每次瀏覽這個部落格時，都能獲得建議。
└──

┌──
│ **Special Thanks!**　　**執行製作、整理原稿、製作圖版**
│ 　　　　　　　　　　　IMJ Corporation　R&D 室
│ 　　　　　　　　　　　Design Research Facilitator 杉田 麻耶　赤石 あずさ
└──

感謝您購買旗標書,
記得到旗標網站
www.flag.com.tw
更多的加值內容等著您…

● FB 官方粉絲專頁:旗標知識講堂

● 旗標「線上購買」專區:您不用出門就可選購旗標書!

● 如您對本書內容有不明瞭或建議改進之處, 請連上旗標網站, 點選首頁的 聯絡我們 專區。

若需線上即時詢問問題,可點選旗標官方粉絲專頁留言詢問, 小編客服隨時待命, 盡速回覆。

若是寄信聯絡旗標客服email, 我們收到您的訊息後, 將由專業客服人員為您解答。

我們所提供的售後服務範圍僅限於書籍本身或內容表達不清楚的地方, 至於軟硬體的問題, 請直接連絡廠商。

學生團體	訂購專線：(02)2396-3257 轉 362
	傳真專線：(02)2321-2545
經銷商	服務專線：(02)2396-3257 轉 331
	將派專人拜訪
	傳真專線：(02)2321-2545

國家圖書館出版品預行編目資料

WEB 設計職人必修 UX Design 初學者學習手冊
玉飼真一、村上竜介、佐藤哲、太田文明、常盤晋作、
IMJ Corporation 合著；吳嘉芳 譯
臺北市：旗標,2018.05　184 面；　19×26 公分

ISBN 978-986-312-516-7 (平裝)

1. 網頁設計

312.1695　　　　　　　　　　　　107003889

作　　者/玉飼 真一、村上 竜介、佐藤 哲、
　　　　　太田 文明、常盤 晋作、
　　　　　IMJ Corporation 合著

封面插畫/加納 德博

翻譯著作人/旗標科技股份有限公司

發 行 所/旗標科技股份有限公司
　　　　　台北市杭州南路一段15-1號19樓

電　　話/(02)2396-3257(代表號)

傳　　真/(02)2321-2545

劃撥帳號/1332727-9

帳　　戶/旗標科技股份有限公司

監　　督/陳彥發　　　　　美術編輯/陳奕愷

執行企劃/蘇曉琪　　　　　封面設計/陳奕愷

執行編輯/蘇曉琪　　　　　校　　對/蘇曉琪

新台幣售價：420 元

西元 2022 年 12 月 初版 8 刷

行政院新聞局核准登記-局版台業字第 4512 號

ISBN　978-986-312-516-7

版權所有・翻印必究

Web制作者のためのUXデザインをはじめる本
Copyright© 2016 by Shinichi Tamagai, Ryusuke Murakami,
Tetsu Sato, Bunmei Ohta, Shinsaku Tokiwa, IMJ Corpoation.
Original Japanese edition published by SHOEISHA Co.,Ltd.
Complex Chinese Character translation rights arranged with
SHOEISHA Co.,Ltd.
through TUTTLE-MORI AGENCY, INC.
Complex Chinese Character translation copyright
© 2019 by Flag Technology Co., Ltd.

本著作未經授權不得將全部或局部內容以任何形式重製、轉載、變更、散佈或以其他任何形式、基於任何目的加以利用。

本書內容中所提及的公司名稱及產品名稱及引用之商標或網頁, 均為其所屬公司所有, 特此聲明。

旗標科技股份有限公司聘任本律師為常年法律顧問, 如有侵害其信用名譽權利及其它一切法益者, 本律師當依法保障之。

林銘龍 律師